꿈의 에너지, 핵융합

제4의 물질상태로 제4의 불을 지펴라

박덕규 지음

전파과학사

머리말

우리 주변에서 활동하는 것들은 모두 에너지를 먹어야만 움직이면서 동력을 얻는다. 육·해·공의 각종 수많은 교통기관이나 각 산업체의 동력들, 그리고 여러 편리한 가정기기 및 사무기기들은 석유, 석탄, 가스, 또는 전기 등과 같은 에너지 자원을 공급받아야 제 기능을 잘 수행할 수 있다.

이러한 에너지 자원들이 어느 날 갑자기 고갈되어 버렸다고 상상해 보자. 우리 주위에서 활기차게 돌아가던 모든 동력이나 기계들 이 그 순간에 모두 멈추면서 모든 생산 활동과 문명생활이 정지해 버릴 것이다. 곧 이어서 전 인류는 멸망해 버리든지, 기껏해야 태초의 원시생활의 모습으로 되돌아갈 것이 틀림없다.

이러한 상황이 가상의 세계나 공상 속에서나 있을 것같이 안이한 생각을 가질지 모르겠으나, 우리 인류에게 닥칠 수 있는 현실 상황이 될 수 있다. 즉 이러한 에너지 자원들은 대부분 지하자원으로, 그 양이 한정되어 있기 때문에 머지않아 고갈될 것이기 때문이다. 여기에서 우리 인류는 에너지 자원 문제에 대한 발상의 대전환을 하여, 거의 무한하면서 깨끗한 새로운 에너지 자원을 개발해야 할 절박한 입장에 처해 있다.

이 책은 이러한 획기적 새 에너지 자원이 될 '꿈의 에너지'라 부르는 '핵융합' 에너지에 대한 필요성, 그 개발의 진전 과정, 장치의 원리 및 구성, 그리고 개발 전망 등을 재래식 에너지 자원이나 기타 새 에너지 자원들의 유한성과 관련지어서 일반인 누구나 쉽게 이해할 수 있게 서술했고, 자칫 흥미를 잃기 쉬운 자연과학 분야인지라 가급적 흥미를 잃지 않게 박 교수와 학생기자 성 양의 대담형식을 빌려서 쉬운 이야기 형태로 풀어 나가 보았다. 부디 독자 여러분의 많은 성원과 격려를 바란다.

 이 책이 나오기까지 여러 차례에 걸쳐 원고를 교정해 준 아내에게 감사하고, 새로운 분야인 이 책이 출간되기까지 여러 가지로 수고해 주신 전파과학사의 손영일 사장님과 직원 여러분에게 감사를 표한다.

박덕규

차 례

머리말　3

1. 에너지가 무엇이에요? ·· 7
2. 현재 에너지의 주종 말입니까?—화석연료 ····················· 27
3. 새 에너지 자원은 어떤 것들이 있나요? ························ 51
4. 제3의 불을 아세요?—원자력발전 ·································· 79
5. 제4의 불, 핵융합은 이렇게 켜집니다 ···························· 115
6. 제4의 물질 상태도 있습니까?—플라스마 ····················· 147
7. 꿈의 에너지, 핵융합 ·· 177
8. 핵융합 장치의 개발 실태와 전망을 살펴볼까요? ·········· 223

참고문헌 ··· 269

1
에너지가 무엇이에요?

한국대학교의 대학신문사 기자인 성영애 양은 국문학과 2학년으로 활달한 성격에다 학업성적도 뛰어난 학생이다. 게다가 기자의 기질도 다분하여 새로운 용어나 기사를 접하게 되면 그 내용을 완전하게 이해하기 전에는 그냥 지나치지 못한다.

오늘 성 양은 조간신문에서 대통령 사진과 함께 1면에 톱기사로 나온 '꿈의 에너지, 핵융합 개발'이라는 타이틀을 접하게 되었다. 그냥 지나칠 리 없는 성 양이 기사를 읽어보니 대략 이런 내용이었다.

미국을 방문 중인 대통령은 재미 한국인 과학자 200여 명이 모인 만찬장에서, "지금 선진국을 중심으로 방대한 예산과 인력을 투입하여 연구개발(R&D)하고 있는 대형 핵융합 개발 사업을 우리나라도 본격적으로 착수할 것이며, 이 사업을 대형 국가적 프로젝트로 설정하여 선진국들과 대등한 위치에서 어깨를 나란히 하여 그들과 공동연구가 가능하도록 지원하겠다."고 밝혔다.

국문학을 전공하는 성 양에게 다소 생소한 이 '꿈의 에너지, 핵융합'이라는 용어는 호기심을 불러일으켰을 뿐만 아니라 거대한 국가 프로젝트로 선진국들과 어깨를 나란히 할 수 있다는 말도 나와 더욱 지적 욕구가 발동하여 견딜 수가 없었다.

2학기가 시작된 지 며칠 되지 않았고, 마침 오늘은 1, 2교시 강의도 없고 해서 아침 일찍 등교하는 길로 곧바로 대학신문사 편집실에 들러서 데스크 위에 놓인 PC에 한국대학교 교수들의 약력과 전공 등이 수록되어 있는 디스켓을 밀어 넣고 이공계 교수들을 한 사람씩 띄워 보았다. 수학이나 전산학이나 통계학에는 이 분야의 전공자가 없을 것 같아서 빨리 지나치고 계속 마우스를 클릭시키면서 물리학이나 원자력공학과의 교수 쪽을 마음에 두면서 훑어가니까 마침 물리학을 전공하는 교수 중에서 전공란에 '플라스마 핵융합물리학'이라고 기록된 박덕진 교수가 화면에 떠올랐다. 일단 박 교수를 잡아두고 물리학과의 다른 교수와 원자력공학과를 중심으로 전기공학과를 비롯한 다른 공학계 교수들을 모두 검색해 보았으나 그 이상은 전공자가 없었다.

역시 흔하지 않은 전공분야인가보다 생각하면서 박 교수의 연구실로 전화를 했다. 아침 9시 반쯤인데 마침 자리에 있었다.

약간 섬세한 목소리이나 분명하고 카랑카랑하여, 자연과학의 대표적 학문인 물리학을 오랫동안 전공한 학자에게 있음직한 성격의 소유자일 것을 직감하며 용건을 말씀드리고 면담 장소 및 시간을 간결하게 약속해 두었다.

평소와 다름없이 7교시 언어학 강의를 듣고 난 성 양은 캠퍼스의 중심부인 로터리를 가로질러 플라타너스와 미루나무들로 어우러진 녹음의 터널을 통과한 후, 서둘러서 박 교수의 연구실이 있는 제1과학관 319호를 찾았다. 반백의 머리카락을 곱게 빗어 넘기고 한국 성인 남자의 표준 정도의 체구를 유지한 박 교수는 잔잔한 미소로 반갑게 맞아 주었다.

오전에 전화를 드렸던 대학신문사의 기자임을 밝히고 후 인사를 나눈 후에 박 교수를 찾아오게 된 이유를 간단하게 설명하였다.

성 양: 교수님, 오늘 아침 신문에서 저는 생소한 과학용어를 접했습니다. 그게 용어만으로 그치지 않고 그 이상의 대단한 내용을 담고 있는 것 같던데, 저로서는 너무나 먼 어떤 환상의 세계에서 이루어지고 있는 사실들인 것 같아서 도대체 감이 잡히지 않았습니다. 마침 우리 대학의 교수님들의 전공을 검색해 보니 교수님께서 이 분야를 전공하고 계신 것 같아서 이렇게 찾아뵙고 궁금한 내용을 여쭤 보려고 합니다.

박 교수: 아, 예, 그걸 말하는군요. 핵융합 개발사업 말이지요? 그 내용을 알아보고자 한다면 잘 찾아 온 셈이군요. 바로 내가 전공하고 있는 분야이니까요.

우선 나에게는 아주 반가운 소식이고 약간의 흥분과 설렘도 일게 한답니다. 내가 전공하는 분야이기도 하고, 우리도 언젠가 선진국처럼 핵융합 개발에 착수하고 공동연구에 같이 참여하는 날이 오기를 고대하고 있었던 터이니 말입니다.

그러나 한편으로는 얼마간의 걱정도 따르는 것이 솔직한 심정이기도 해요. 이 개발계획이 대형 프로젝트이고, 여기에 소요되는 인적, 물적 뒷받침이 너무나 방대하여 국가적인 사업으로 추진하지 않으면 안될 만큼 거대한 계획이기 때문에 염려도 된다는 뜻입니다.

다행하게도 대통령이 미국이라는 초거대 국가에서 우리도 이 분야의 개발연구를 국가 프로젝트로 추진하겠다고 국제적으로 공언을 하셨으니 그 의지는 충분하게 밝힌 셈이지요.

성 양: 역시 교수님들은 전공에 대한 애착과 열정이 대단하시군요. 오늘 신문에 게재된 여러 기사들 중에서 바로 핵융합 개발에 관한 내용을 집중적으로 역설하시고, 기대와 염려까지

덧붙여 말씀하시니……. 하기는 제가 그런 쪽으로 질문을 유도하여, 가뜩이나 들떠있을 교수님의 마음속을 꿰뚫었는지도 모르지만요. 호호호.

박 교수는 조금 멋쩍어하면서도 그러나 단호하게,

박 교수: 그야 당연히 그래야지요. 자기 전공에 대하여 그 정도의 열성과 관심이 없다면 그 분야의 전공교수로서 자격이 없어요. 하하하.

이런 식으로 대화할 내용을 잡고 곁에서 빙빙 돌다가는 아무런 도움이 되지 않겠다고 생각한 성 양은 대화를 좀 체계적이고도 단계적으로 풀어나가는 것이 좋을 것으로 판단하였다. 그래서 '꿈의 에너지, 핵융합'이라는 말 가운데 가장 기초적 부분이며, 중요한 말인 '에너지'의 개념부터 먼저 확실하게 이해해 두기로 마음먹었다. 그렇지 않아도 이전부터 이 에너지의 개념이 모호하여 항상 찜찜하게 여겨오던 터였다.

그래서 성 양은 다시 자리를 고쳐 앉으면서 입을 연다.

성 양: 교수님, 우선 초보적인 내용부터 여쭈어 보겠습니다. 처음부터 어려운 내용을 한꺼번에 해결하려는 것은 순서도 아닐 뿐 아니라 저에게는 이해도 되지 않을 것 같습니다.

박 교수: 역시 기자답게 대화 내용의 순서를 잘 잡아가는군요. 나도 그렇게 생각하고 있던 참입니다. 그래 무슨 이야기부터 먼저 시작하는 게 좋을까요?

성 양: 에너지란 말의 개념에 대하여 보다 명확한 정의를 내릴 수는 없는 건가요?

중·고등학교, 대학교를 거치면서 물리책을 비롯한 자연과학 교재에서 자주 보아왔고, 또 일상생활에서도 늘 듣는 용어이면서도 막상 그 개념 정의를 명확하게 하라고 한다면 솔직히 얼른 대답을 할 수 없는 게 저의 고백입니다.

요즘은 일반 사회나 언론에서도 에너지란 말을 많이 사용하는데 에너지란 도대체 무엇이며, 어떻게 개념 정의를 할 수 있는 거예요?

박 교수: 그래, 성 양이 지금 좋은 말했어요. 만일 성 양이 초등학교 저학년에 다니는 조카로부터 에너지가 무엇인지 한마디로 설명해 달라는 질문을 받는다면 어떻게 대답하겠습니까?

성 양: 글쎄요. 저로서는 한마디로 얼른 설명하기에는 아주 어려운 질문입니다.

석유? 열? 일? 힘? 역시 어떤 것도 정확한 표현이 아닌 것 같고, 애매할 뿐이군요.

성 양이 쩔쩔매고 있을 때 박 교수는 빙그레 웃으면서 대화를 이어나간다.

박 교수: 우리 사회에서 성 양과 같은 재원도 이 에너지에 대한 명쾌한 개념 정의를 내릴 수 없는 정도이니 하물며 일반 시민들이야 말할 필요도 없겠지요. 전반적으로 우리나라 일반 시민들의 교양과학 수준이 선진국 시민에 비하여 상당히 뒤지고 있어요. 선진국이라고 지칭할 수 있는 척도로 여러 가지 요소를 생각할 수 있겠지만, 그 중에서 전 국민의 과학적 지식이나 거기에 수반하는 합리적인 사고력의 소유도 한 중요한 요소라고 생각해요.

이런 말을 해서 지금 성 양에게 어떤 핀잔을 주겠다는 의도는 추호도 없어요. 단지 우리나라 일반 시민들의 과학적 생활관에 대한 현실을 말했을 뿐이니까, 성 양 개인이 너무 주눅들 것까지는 없어요. 허허허.

　누구보다 자존심이 강한 성 양이 움츠러드는 표정을 짓는 것 같아서 재빨리 안심을 시키면서 박 교수는 에너지에 대한 개념을 설명해 나가기 시작한다.

박 교수: 성 양이 중학교 과학이나 고등학교 물리에서 배웠던 에너지란 말은 그 의미가 '일'에 가까운 물리량에 해당되는 거예요. 높은 댐에서 떨어지는 물은 물레방아나 수차를 회전시켜서 일을 하게 되지요? 또 석유를 태우면 각종 자동차를 달리게 하는 일을 하게 됩니다. 이럴 때 높은 댐에 담긴 물이나, 땅 속에 매장 된 석유는 에너지를 가졌다고 말하지요.

성 양: 그렇다면 에너지와 일은 어떤 차이점이 있습니까? 에너지를 이용하여 일을 하는 것 같은데…….

박 교수: 맞아요. 예를 들면서 설명하니까 좀 이해하기가 쉽죠? 에너지를 이용하면 일을 할 수가 있는 겁니다. 그러니까 에너지란 '일하기 전의 상태로, 그것을 이용하면 일할 수 있는 능력'을 나타내는 말이에요. 그래서 물리학에서 말하는 에너지는 그 양이나 단위를 일을 나타낼 때 사용하는 양이나 단위와 똑같은 걸로 사용하는 거랍니다.

성 양: '일할 수 있는 능력'이라는 말씀을 하시니까 또 생각나는 과학용어가 하나 더 있습니다. 보통 우리들이 일상생활에서 일은 '힘'으로 하는 걸로 이해하고 있어요. 그러면 이 힘

과 에너지는 어떤 관계를 가지며 일과는 각각 어떤 연관성이 있는 건가요?

박 교수: 좋은 질문이군요. 힘은 일을 생각할 때 꼭 필요한 한 요소이지요. 중·고등학교 때 과학 교과서에서 배운 기억이 나는지 모르겠는데, 어떤 물체에 힘을 작용시켜서 그 물체가 목적하는 방향으로 이동해 갔을 때, 힘에다 그 쪽 방향으로 이동한 거리를 곱한 값을 바로 일이라고 하는 거예요. 그러니 힘은 일의 한 요소에 불과하지요.

　반면에 에너지는 일과 같은 양으로, 단지 일을 일으키기 이전의 상태를 말하지요. 말하자면, 일은 현재 진행형이거나 과거형이라면 에너지는 미래형 일이라고 볼 수도 있어요.

성 양: 그러면 힘이 작용하여도 일이 없을 수도 있겠군요.

박 교수: 옳지, 좋은 지적을 했어요. 우리 일상생활에서는 힘이 작용하면 반드시 일은 이루어진다고 생각하고 있지만, 과학적 용어로서 일이라고 하면 어떤 힘이 작용하여 의도하는 방향으로 이동해야만 비로소 일이 이루어졌다고 해요.

　가령 어떤 사람이 담벼락이 넘어지려는 것을 옆에서 받치고 5시간 정도 버티고 있었다고 칩시다. 사회 통념상으로는 이 사람이 많은 일을 한 것으로 보겠지요. 그러나 과학적 개념으로는 이 사람이 한 일은 0입니다. 즉, 이 사람은 전혀 일을 하지 않은 것이 되는 거예요.

성 양: 결국 일에는 반드시 일정한 힘과 일정한 거리가 포함된다는 말씀이시군요.

박 교수: 그래요. 이제 좀 구별이 되는가요?

그리고 곁들여서 말하자면, 힘은 어떤 물체에 작용하여 가속도 운동을 일으키도록 하는 근원이 되는 양이기도 해요. 그래서 힘을 논의할 경우에는 일과 결부시키기 이전에 운동과 관련지어서 먼저 논의하는 것이 순서입니다.

이렇게 힘과 운동을 관련지어 설정한 법칙이 바로 그 유명한 뉴턴의 운동법칙으로, 물리학 법칙들 중에서 가장 뛰어난 법칙으로 알려져 있지요. 그러나 여기서 우리가 이 문제까지 거론하여 논의하는 일은 줄거리에서 좀 벗어나는 것 같고, 시간적 제약도 있으니 이쯤 해두고 다음으로 넘어가는 것이 좋을 것 같군요. 혹시 운동의 법칙에 대하여 더 알고 싶은 부분이 있으면 다음 기회에 한 번 더 찾아 주든지, 이번 학기에 내가 담당한 교양 물리학 시간을 청강하기 바랍니다. 수강료는 특별히 무료로 해줄 테니까. 하하하.

잠시 학교생활에 대해 담소를 나누고서 다음 질문으로 넘어간다.

성 양: 그러면 교수님, 지금까지 교수님께서는 과학에서 전문용어로 사용하는 경우의 에너지에 대한 개념 설명을 하셨는데, 과학에서 사용하는 에너지와 일반 사회에서 통념상 사용하는 에너지는 어떤 차이가 있는 거예요?

박 교수: 일반 사회에서도 에너지란 말을 여러 가지 상황에서 여러 가지 의미로 사용합니다. 현대 사회가 워낙 복잡하고 문명화되어 있기에 우리는 늘 과학 생활 속에 있다고 볼 수 있겠지요. 그래서 과학적 용어로 사용하는 에너지는 모두 앞에서 설명한 그러한 뜻으로 사용한다고 보면 될 거예요. 그러나 '에너지가 넘친다', '에너지가 풍부하다' 등으로 표현하

는 경우는 '원기', '활기' 등의 뜻이 포함되어 있지요. 그러나 그 어원은 모두 앞에서 언급한 그런 뜻에서 나왔다고 봐도 무방할 거예요.

성 양: 예, 그렇군요. 한 가지 더 에너지에 대하여 여쭤보겠습니다. 저의 전공과도 연관이 있을 뿐 아니라 학보사 기자 입장이라서 꼭 알고 싶습니다만, 도대체 이 '에너지'란 말을 잘 표현해 줄 적당한 우리말은 없는 겁니까? 전부터 알고 싶었던 부분이기도 합니다.

박 교수: 좋은 질문입니다. 나 역시 늘 생각해 왔고 적합한 우리말을 찾아보았으나 아직까지 찾지 못했답니다. 그뿐 아니라 국내의 모든 물리학자와 과학자들이 온갖 지혜를 다 동원해서 찾아보았으나 아직까지 적당한 용어를 찾지 못했어요. 이 말 자체가 서구의 과학적 사회생활 속에서 자연스럽게 생겨난 것이고, 그 개념과 말이 그대로 우리나라에 들어왔을 때 우리나라에서는 그 당시에 그러한 개념 자체가 없었기 때문에 우리말로 대체될 수 없었던 게 아닌가 봐요.

어때요, 이쯤하면 이제 성 양도 에너지에 대한 개념을 어지간히 이해했을 테니까 전공을 잘 살려서 좋은 우리말 용어를 하나 만들어 보면 어떨까요? 좋은 용어가 나타나면 크게 히트할 겁니다. 오히려 내가 성 양에게 에너지에 관한 적당한 우리말 용어를 지어 줄 것을 부탁해야겠는걸요.

성 양: 지금까지 이 분야의 여러 대가들께서도 하시지 못한 일을 저 같은 학생이, 그것도 지금 교수님께 잠깐 설명을 들은 지식만으로 감히 엄두라도 낼 수 있겠습니까? 그건 도저히

불가능합니다. 그 요청은 거두어 주시는 걸로 알겠습니다.

박 교수: 그래요? 알겠습니다.

이쯤에서 자리에서 일어난 박 교수는 연구실에서 새로 구입한 듯한 신형 커피 추출기로 다가가서 간단한 조작으로 커피 두 잔을 금방 뽑아 다시 자리에 앉으면서,

박 교수: 이거나 마시면서 숨 좀 돌립시다.

긴 늦여름 오후지만 박 교수 등 뒤로 난 남쪽 창문 너머 솟은 느티나무의 짙은 잎 사이사이로 햇살이 비껴들고 있는 것이 꽤 늦은 오후임을 알게 했다.

커피를 반쯤 비우자 다시 성 양의 질문이 시작되었다.

성 양: 그런데 교수님, 우리가 보통 석유, 석탄 또는 전기 같은 것들을 에너지로 말하는 경우가 많은데, 대체 이러한 에너지는 어떤 것들이 얼마나 많이 존재하는 겁니까?

박 교수: 그럼, 이제 슬슬 본격적인 에너지 세계로 들어가 볼까요? 지금까지 에너지의 기초 개념을 파악했으니, 다음에는 우리 주변에서 늘 접할 수 있는 에너지들을 분류하여 정리해 봅시다.

그러면서 박 교수는 연구실 동쪽 벽을 가득 메운 서가에서 최근에 동료 교수로부터 기증받은 최신판 고등학교 『물리 II』 교과서를 뽑아내 책장을 넘겨 그림을 펼쳐 보이면서 설명을 계속해간다(그림 1-1).

박 교수: 그림에서 동그라미 속에 있는 것들이 우리가 주변에서 접할 수 있는 에너지들이에요. 우선 우리 주변에서 볼 수 있

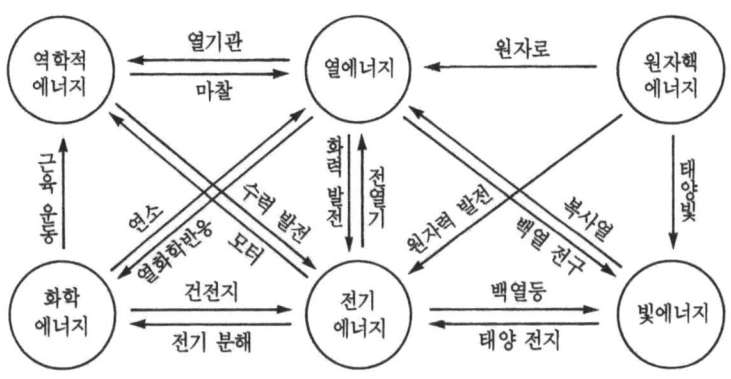

〈그림 1-1〉 에너지의 상호 전환

는, 운동하는 물체가 가지고 있는 운동에너지와 높은 곳에 놓인 물체가 지니고 있는 위치에너지를 통틀어서 역학적 에너지라고 해요. 이러한 말들은 중·고등학교 때 과학이나 물리학 시간에 많이 들었겠지요. 이렇게 거시적 에너지 말고도 우리 주변에는 여러 가지 다른 에너지들이 존재할 수 있답니다.

 이 그림에 나타낸 것처럼 열에너지, 화학에너지, 전기에너지, 빛에너지, 원자핵에너지 등이 그것들이에요. 이러한 에너지들을 이용하면 모두 일을 할 수 있어요. 각 에너지를 이용하여 일을 하는 대표적 장치들을 생각해 볼까요? 우선 열에너지를 이용하여 일을 하는 장치는 어떤 것이 있을까요?

성 양: (잠시 생각하다가) 증기기관차 아니에요?

박 교수: 맞아요. 참 좋은 예를 들었군요.

 그런데 성 양의 말 중에 '……아니에요?'라고 끝내는 화법은 자연과학을 표현하는 데 있어서 별로 좋은 표현이 아니랍니다. 자연과학에서는 어중간하고 불확실한 표현은 금물이거든요. 우리 사회가 전반적으로 불확실과 부정확이 만연해서 애매한 표현을 너무 많이 사용하고 있어요. 확실한 사실까지도 '……같아요'라든가, '……아니에요?'라고 얼버무리는 대화를 접할 때마다 나는 작은 거부감을 느끼곤 해요.

아이고, 또 한방 먹었구나 생각하며, 성 양은 다시 한 번 자세를 고쳐 앉으면서 우리 사회 전체의 문제점에 대해 수긍하고 마음속으로 반성한다. 그렇다고 개인이 기죽을 사안이 아니라고 생각한 성 양은 다시 용기를 내어서

성 양: 그러면 화학에너지에 의하여 일을 하는 장치에는 어떤 것이 있습니까?

박 교수: 성 양 부친께서나 남성들이 아침마다 편리하게 이용하는 전기면도기 속에 무엇이 들어있지요?

성 양: 건전지가 들어 있습니다.

박 교수: 바로 그거예요.

　건전지는 화학적 작용으로 만든 화학에너지로 모터를 회전시켜서 면도날을 빠르게 움직여 주는 거예요. 그러니 각종 건전지와 자동차에 사용하는 배터리는 모두 화학에너지를 가진 장치랍니다. 그리고 전기에너지로 일을 하는 장치로는 모터가 있고, 원자핵 에너지를 이용하는 장치로는 원자력발전기, 빛에너지를 이용하는 장치로는 태양전지 등을 열거할 수 있겠네요.

성 양: 그런데 교수님, 원자력 발전기나 태양전지는 일을 한다기보다 전기를 일으킨다고 말해야 되지 않습니까?

박 교수: 좋은 지적을 했어요. 전기를 일으킨 다음에 그 전기는 다시 어떻게 이용하나요?

성 양: 전기를 이용하는 곳이라? 여러 가지가 있겠는데요. 모터에 이용하면 회전운동을 일으켜 역학적 에너지가 되고, 전기난로에 이용하면 열을 방출하는 열에너지가 되고, 조명용 형광등이나 전구에 이용하면 빛에너지가 되고, 충전용 건전지에 이용하면 화학에너지가 되기도 하겠군요. 아이고, 복잡해라.

박 교수: 성 양도 이제 과학자 뺨칠 정도의 수준이 되어가는군요. 그래요, 꽤 복잡해지는 것처럼 생각될 겁니다. 그러나 그 원리를 파악하여 정리해 보면 그렇게 복잡한 것만도 아니에요. 기본 원리는 이겁니다. 에너지는 변화무쌍해서 한 종류로만 존재하는 것이 아니고 적당한 조작이나 조건만 갖추면 곧 다른 종류의 에너지로 전환할 수 있다는 겁니다.

성 양: 예? 그렇다면 에너지도 달라질 수 있단 말입니까?

박 교수: 그 달라진다는 표현을 여러 가지로 해석할 수 있겠는데, 여기에서 전환이라는 말은 완전하게 다른 물리량으로 변질된다는 뜻이 아니고 단지 에너지의 종류만 다른 형태로 바뀔 뿐이라는 이야기예요.

예를 들어서 높은 댐에 갇힌 물이 지니고 있는 위치에너지는 물이 댐 아래로 떨어지면서 수차를 돌리게 되면 운동에너지로 바뀌고, 이 수차에 발전기를 연결해 두면 운동에너지가 전기에너지로 전환되고, 이 전기에너지가 산업체나 각 가정에 공급되어 역학적 일을 하거나, 각종 전열기에 사용되어 열에너지로 바뀌기도 하고, 전등에 불을 밝혀 빛에너지로 전환되기도 하며, 또 배터리를 충전시켜서 화학에너지로 전환되었다가 다시 전기에너지로 사용될 수 있는 등 다양한 과정을 거치면서 다른 형태의 에너지로 전환할 수 있는 거예요. 이러한 전환이 일어나는 과정을 이용한 대표적 장치들을 〈그림 1-1〉에서 화살표로 나타냈으니, 이 그림을 찬찬히 잘 검토해 보면 좀 이해가 쉬울 거예요.

성 양은 그림을 다시 한 번 주의 깊게 들여다보고 고개를 끄덕이며 다시 질문을 계속한다.

성 양: 그러면 교수님, 에너지가 자꾸만 다른 에너지 형태로 변환되어 간다면 나중에는 어떻게 되는 겁니까?

박 교수: 역시 성 양은 지적 호기심이 대단하고 사물을 사유하는 태도가 뛰어난 학생이군. 바로 지금 지적한 그 내용이 자칫 간과하기 쉬운 고비에요.

박 교수는 성 양을 슬쩍 치켜세우며 설명을 이어가고, 성 양은 내심 우쭐해져서 눈동자를 더욱 빛내면서 박 교수의 다음 말을 기다린다.

박 교수: 에너지는 얼핏 생각해 볼 때 한 번 사용하면 없어져서 소멸되는 것처럼 생각하지요. 그러나 이 우주상에 존재하는 에너지는 소멸되지도 않고, 그렇다고 더 생성되지도 않아서 항상 일정량이 유지되는 걸로 되어 있어요. 이것을 물리학 전문용어로 '에너지 보존의 법칙'이라고 해요. 아마 가끔 들어본 말일 거예요. 말하자면, 우주에 존재하는 일정량의 에너지는 더 생기지도 않고, 소멸되지도 않아서 그대로 보존된다는 뜻이에요.

1. 에너지가 무엇이에요? 21

〈그림 1-2〉 에너지 보존의 법칙. 나무토막들이 타서 다른 형태의 에너지로 전환되지만, 에너지는 소멸되지 않고 일정량이 보존된다

 물론 앞에서 지적한 대로 에너지의 형태는 여러 가지로 전환될 수는 있지요. 우리 주변에 존재하는 에너지가 소멸되는 것처럼 보일 때가 있지만 세밀하게 관찰해 보면 소멸되는 것이 아니고 언제나 다른 형태의 에너지로 전환되는 것을 알 수 있어요. 그래서 '에너지 소비'라든가 '에너지 절약'이라는 말들은 엄밀하게 따지자면 틀린 말이에요. '에너지 전환', '에너지 변환'이라고 표현해야 맞는 겁니다.
 한 가지 흔한 예로서 캠프파이어를 해본 경험이 있지요? 〈그림 1-2〉처럼 마른 나무토막을 쌓아 놓고 불을 지피면 나무가 타면서 연기와 불빛과 열을 방출하지요? 얼핏 보면 모두 타서 없어지고 남는 것은 재뿐이니까 나무가 가졌던 에너지가 모두 없어져 버린 것처럼 보입니다. 그러나 자세하게 관찰해 보면 나무가 타면서 열에너지를 방출하여 대기를 비롯하여 주위에 있는 모든 물체에 공급해 주고, 빛에너지가 방출되어 주위를 밝게 해주며, 불완전 연소 때문에 나무속의 유기물이나 무기물 등 여러 물질 원소들이 연기와 증기 형태로 공중으로 높이 솟아올라 대기의 성분에 영향을 줄 뿐 아니라 그들의 위치에너지를 높여 주는 등, 나무토막에 포함되었던 모든 에너지가 이 공간 어디엔가 그대로 존재하게 되는 거예요. 단지 그 형태만 다르게 존재할 뿐이지요. 석탄이나 석유 등과 같이 우리들이 보통 에너지라고 부르는 모든 에너지 자원도 똑같은 원리로 에너지 보존의 법칙에 따라 다른 형태의 에너지로 전환할 뿐이지 그 원래의 양은 이 세상 어디엔가 하고 있다는 말입니다.

몇 해 전에 입적하신 큰 스님의 설법에도 이와 비슷한 내용이 있었지요. 이 우주 삼라만상은 불생불멸이라고, 어쩐지 종교의 이론과 접목될 것 같은 느낌도 들지 않아요? 자연과학을 깊게 탐구해가다 보면 이와 비슷한 대목들이 가끔 나타나게 된답니다.

성 양: 그러니까 우주 속에 존재하는 에너지는 항상 일정량이 보존 되면서 영생불멸이라는 말씀이시군요.

불교에도 많은 관심을 가진 성 양은 더욱 호기심과 흥미를 돋우면서 에너지 보존법칙을 한 번 더 되새겨 본 후

성 양: 교수님, 그러면 우주 속에 존재하는 에너지가 처음에는 어디에서 어떻게 생긴 겁니까?

박 교수: 이 문제는 우주의 생성에 관한 문제와 결부되어 있기 때문에 간단하게 이렇게 생겼다라고 설명하기가 곤란하군요.

한 가지 확실하게 이야기할 수 있는 점은 우주가 생겨날 때 현재 우주에 존재하는 에너지 양 만큼의 에너지를 가지고 태어났다고 봐야 하겠지요. 그러나 우주 생성에 관한 명확한 해석이 있기 전에는 그 때 발생한 에너지의 출처나 그 방법을 확실하게 알 수는 없어요.

유감스럽게도 우주 생성에 관한 얼개와 자세한 해석에 관한 설명은 아직까지 명쾌한 정설이 없고, 대폭발(big bang) 이론 등 몇 가지 학설은 있으나 아직까지 풀지 못한 의문점들이 많아서 우리 과학자들에게 큰 숙제 중의 한 가지로 남아 있어요. 어쨌든 현존하는 에너지는 일정량이 보존된다는 사실은 명백한 정설로 인정되어 있어요.

성 양: 에너지에 관한 이야기를 지금까지 하다 보니까 점점 학술적인 방향으로만 흘러가는 느낌입니다. 그래서 우리들이 일상생활에서 늘 취급하는 에너지와는 뭔지 모르게 거리감이 있는 것같이 생각되는데요. 우리가 보통 에너지라고 하면 석유, 석탄, 천연가스, 원자력, 그리고 전기 등을 연상하게 되는데, 앞의 그림에서 지적하신 에너지들과는 어떤 관련이 있고, 어떤 차이가 있는지요?

박 교수: 그렇게 생각할 수도 있겠지요. 그러나 조금만 더 찬찬히 따져보고 생각해 보면 방금 성 양이 열거한 에너지들도 〈그림 1-1〉에서 나타낸 에너지들의 범주 속에 모두 포함시킬 수 있음을 금방 알 수 있어요.

그런데 왜 일반 사람들은 에너지라고 하면 방금 성 양이 연상했던 에너지를 머리에 떠올릴까요?

우리 인간들은 어떤 시대나 어떤 지역에 살고 있든지 관계

없이 항상 자기들에게 유익한 것들은 소중하게 생각하면서, 나중에는 그 유익한 것이 보다 보편적 의미의 원래의 뜻을 대표하는 것처럼 통용되는 경우가 종종 있지요. 마치 우리나라 사람들이 일상생활에서 양식이라고 하면 쌀을 연상하는 것과 같은 비유가 적당할지 모르겠습니다. 양식이라면 원래는 쌀 이외에도 보리, 콩, 수수, 조 등등 많은 다른 종류의 곡물과 육류, 야채 등도 있으나 유독 쌀을 얼른 연상하지 않습니까? 그러니 우리 인간은 자기중심적이고, 어떻게 보면 감성적 이기주의 심성이 아주 강한 존재라고 볼 수 있죠.

그래서 에너지의 경우도 우리 현실에서 대표적으로 가장 잘 이용되는 것들을 에너지로 생각하게 되는 것이지요. 그러나 보다 엄밀하게 말하면 이러한 에너지, 즉 석유, 석탄, 천연가스, 원자력 등은 에너지라기보다 '에너지 자원'이라고 부르는 것이 옳습니다. 그렇지만 우리 인간들은 우리에게 가장 유익한 것들을 보통 에너지라고 부르는 게 습관화된 겁니다.

성 양: 아아, 그렇군요. 에너지 자원을 간단하게 줄여서 에너지라고 부르는군요.

연구실의 남쪽 창 너머 느티나무 숲과 미루나무 숲이 차례로 펼쳐진 그 뒤쪽으로 푸른 하늘이 배경이 되면서 몇 점 하얀 구름들이 흘러가고, 그 구름들이 약간씩 붉은색으로 물들어 가는 걸 보고서야 손목시계를 얼른 들여다보았다. 지금까지 대화에 푹 빠져서 시간의 흐름을 전혀 염두에 두지 않았던 것이다.

늦여름의 오후가 길다고는 하지만 6시 반이 되니까 뜨겁던 햇살은 완전히 서쪽으로 기울어져 있었다. 성 양은 연구에 바쁠 박 교수의 시간을 너무 많이 빼앗아서 미안하기도 하고, 대학신문사에서 매일 열리는 일일 미팅에 참석할 시간도 가까워 오기 때문에 오늘은 일단 이쯤에서 대화를 끝내야겠다고 생각했다.

성 양: 바쁘실 텐데 오늘 시간을 할애해 주시고 유익한 말씀을 해주셔서 대단히 감사합니다. 다음 기회에는 보통 우리가 일상에서 에너지라고 부르는 석유, 석탄, 천연가스 등 에너지의 종류와 현황 등에 대하여 또 좋은 말씀해 주시기를 부탁드립니다. 그럼 돌아가겠습니다. 다시 한 번 감사드립니다.

박 교수: 내 이야기를 잘 들어 주었고, 역시 기자답게 이해가 빨라서 즐거운 대화 시간이 되었습니다. 나 역시 감사합니다. 조심해서 가고, 다시 만나기를 기다리겠어요. 잘 가요.

연구실 문 앞에서 다정한 전송을 받은 성 양은 오늘의 대화가 앞으로의 생활에 보탬이 될 것으로 믿으면서 건물 밖으로 나왔다.

건물 잎 시멘트 마당을 하루 종일 달구었던 복사열이 온몸을 뜨겁게 휘감아 잠시 숨을 고르고, 아직도 여름은 쉽게 물러나지 않겠구나 생각하며 신문사가 있는 건물 쪽으로 걸음을 바삐 옮겼다.

2
현재 에너지의 주종 말입니까?―화석연료

2학기 개강 후 2주일째 접어드는 캠퍼스는 여름방학 동안에 쉬었다가 다시 숨을 헐떡이며 활기차게 돌아가고, 학생들도 긴 휴식을 끝내고 대학 생활로 복귀하고 있었다.

박 교수와 오전 10시에 약속했기에 오늘은 아침에 좀 여유 있게 집을 나선 성 양은 10시 10분 전에 제1과학관 건물 앞에 도착할 수 있었다. 시간이 좀 남아서 어떻게 할까 주저하고 있는데 건물 현관 안쪽에 설치된 물리학과 게시판이 눈에 들어왔다. 잘됐다 싶어 게시판으로 다가가서 안내문을 하나하나 훑어보았다. 2학기가 시작되어 학사행정에 관한 공문들과 시간표, 그리고 세미나 안내들이 있고 몇 군데 구인광고도 곁들여 있었다. 마침 이번 주 세미나는 원자력연구소 핵융합연구실의 김성주 박사가 '한국의 핵융합장치의 전망'이라는 제목의 내용을 발표하도록 되어 있었다.

역시 이 분야의 연구가 큰 관심의 대상이 되고 있는가 보다고 짐작하면서, 3일 후에 있을 세미나에 참석해 볼까 망설이고 있는 중에 10시가 되었기에 서둘러서 박 교수의 연구실에 올라갔다.

어김없이 자리에 앉아 잔잔하면서도 따뜻하게 맞아 주었다. 최근의 대학생활에 대한 몇 가지 대화를 잠시 주고받은 후에, 성 양은 본론으로 밀고 들어갔다.

성 양: 오면서 시간이 좀 있기에 물리학과 게시판을 보니까 이

번 주 물리학과 세미나에서도 한국의 핵융합 장치의 전망에 관한 내용을 발표하도록 되어 있는데 역시 이 분야의 연구가 각광을 받고 있는 것 같군요.

박 교수: 그래요. 그리고 이번 주 세미나 발표자 및 발표내용 선정은 바로 내가 한 겁니다. 이 분야의 연구가 전 세계적으로 대단한 인력과 재정이 투입되어 이루어지고 있는데 비해서, 우리 국내에서는 거의 무지한 상태이고, 특히 일반 사회에는 캄캄한 밤중입니다. 우선 물리학과의 학생들에게라도 좀 알려야겠고 우리의 현실도 알아야겠다고 생각했기에 이 분야에서 젊고 아주 활발하게 노력하고 있는 김성주 박사에게 특별히 부탁하여 강의를 해달라고 했어요.

성 양: 그 세미나에 저도 참석해서 들어도 되겠습니까?

박 교수: 물론이지요.
 세미나란 원래 누구에게나 열려 있는 것 아니에요? 연구자가 연구한 내용을 온 세상에 널리 공표하고 그 내용을 서로 질의응답 식으로 토의하여 진리에 더 가까운 학설이 되도록 노력하는 한 과정이니 참석자의 제한은 없는 게 당연하지요. 다만 국문학을 전공하는 성 양이 이 세미나를 듣고 어느 정도나 이해할 수 있을지는 전적으로 성 양의 판단에 맡길 수 밖에 없어요.

성 양: 바로 그 점 때문에 조금 전에 게시판 앞에서 망설였어요.

박 교수: 내 판단으로는 성 양이 일단 이 세미나를 들어서 나쁠 건 없다고 생각해요. 물론 이 분야의 전문적 학술 내용이나 용어 같은 것들을 잘 모르기 때문에 구체적 사항들은 잘 모

르겠지만, 이 연구 분야의 전체 흐름이라든가 연구동향 정도라도 파악하게 되면 많은 도움이 될 것이고, 나중에 나와 대화를 연결해 나가기가 훨씬 수월할 거예요.

성 양: 예, 잘 알겠습니다. 들어보도록 하겠습니다.

그런데 교수님, 이 핵융합장치를 '꿈의 에너지'라고 부르는 이유는 무엇입니까?

박 교수: 그건 우리 인류에게 그만큼 꿈과 미래를 보장해 주는 에너지 자원이란 뜻이에요.

이렇게 말을 하고 나서, 박 교수는 이런 대화가 성 양에게 너무 앞서가는 내용이므로 이해하기 힘들 것으로 판단하고, 지난 주에 대화한 내용과 연결시켜가면서 보다 체계적이고 순서에 맞도록 조절해야 되겠다고 생각했다.

박 교수: 지금 여기서 그 내용을 설명하면 성 양이 이해하기도 힘들 뿐만 아니라 설명하는 나로서도 성 양에게 이해시키기가 무척 힘들 것이므로, 그 이전의 예비지식들을 차례로 이야기하는 것이 좋을 것 같군요. 그런 예비지식들을 알고 나면 '꿈의 에너지, 핵융합'이라는 말이 훨씬 쉽게 이해될 겁니다.

성 양: 그게 좋을 것 같군요. 그럼 다음 내용은 무엇이 좋겠습니까?

박 교수: 지난주에는 우리가 에너지의 의미와 그 성질, 종류 등에 대한 내용, 즉 에너지에 관한 기본 지식에 대하여 알아보았지요.

그러면 오늘은 지난 주 대화가 끝날 무렵 성 양이 잠깐 언급했던, 일상의 에너지로 취급되는 산업용 또는 동력용 에너지인 에너지 자원에 대하여 살펴보는 것이 우리의 대화를 연결해 나가는 순서일 것 같군요.

성 양: 아 참, 지난주에 제가 그렇게 부탁을 드렸지요? 게시판에서 세미나 예고를 본 후에 그만 깜빡했습니다. 호호호. 그럼 우리가 일상에서 잘 이용하는 에너지에 대하여 좀 말씀해 주십시오.

박 교수: 그렇게 합시다.

역시 우리 주변 가까운 곳에서 늘 접하는 사실부터 생각하는 것이 가장 이해가 빠를 테니까요. 결국 유용한 에너지를 생각해 봐야겠지요.

자, 그러면 내가 성 양에게 한 가지 물어보겠어요. 현재 우리 인간이 늘 유용하게 이용하고 있는 에너지는 어떤 것들이 있나요?

성 양: 그야 석유가 우리가 이용하는 대표적 에너지이겠지요.

박 교수: 맞아요. 또 어떤 것들을 열거할 수 있지요?

성 양: 석탄 그리고 천연가스를 비롯한 가스 등이 있지 않습니까?

박 교수: 그래요. 우리 주위에서 각종 자동차를 움직이게 하는 휘발유, 경유, 그리고 디젤유, 가정이나 사무실에 난방용으로 이용하는 등유나 경유, 그리고 공장이나 산업체에서 동력으로 사용하는 경유나 등유 등을 모두 석유라고 하지요. 이렇게 석유를 사용할 곳에 석탄이나 가스도 그 대용으로 사용할 수 있지요. 이러한 에너지 자원들을 통틀어서 '화석연료'라고 해요. 글자 그대로 우리 지구 위에서 오래 전에 살았던 식물이나 작은 동물이 땅속에 매몰된 후 장시간 지난 후 화석 형

2. 현재 에너지의 주종 말입니까?—화석연료   31

태로 나타난 연료들로 볼 수 있어요. 유기물인 동식물이 지하에 매몰되어 오랜 시간이 지나면서 화학적 반응을 일으켜서 연료화된 것이에요.

성 양: 아, 그렇군요.

그런데 석탄과 석유는 왜 다르게 나오는가요?

박 교수: 그건 바로 매몰된 생물이 식물이냐 동물이냐에 따라서 차이가 나는 거랍니다. 식물이 매몰되었던 것은 석탄으로, 동물이 매몰되었던 것은 석유로 각각 나오게 됩니다. 그 이유는 지구 위에서 태양에너지를 받고 생성 혹은 성장하는 과정이 식물과 동물이 서로 다르기 때문이지요. 나중에 다시 말할 기회가 있겠지만, 지구 위의 모든 에너지 자원은 결국에는 태양에너지로부터 공급받게 됩니다. 지구는 결국 태양의 한 위성에 불과하니까 어쩔 수 없겠지요.

성 양: 덩어리가 위성일 뿐만 아니라 거기에서 공급되는 에너지 자원도 태양의 한 위성 역할밖에 할 수 없다는 말씀이시군요. 철저하게 종속 관계를 유지하고 있군요.

박 교수: 그래요. 마치 달의 모든 것들이 철저하게 지구에 종속되어 있는 것처럼, 같은 논리로 생각할 수 있어요. 말이 옆길로 빗나가버렸는데, 석탄과 석유의 생성 과정을 좀 더 자세하게 살펴볼까요?

성 양: 예, 부탁합니다.

박 교수: 우선 석탄부터 알아봅시다. 먼 옛날에 강 하구와 같은 늪지대에서 자랐던 식물들이 어떤 원인으로 땅 속에 매몰되어 퇴적되면, 광합성에 의하여 성장하였던 유기물 중에서 주

로 셀룰로오스라는 성분이 미생물학적으로 분해되면서 탄산가스, 메탄, 물 등과 함께 석탄 성분인 리구닌이라는 이탄이 되는데, 이것이 토사에 오랫동안 매몰된 후 석탄이 되는 걸로 알려져 있어요. 그래서 석탄이 채굴되는 지역은 적어도 수억 년 전에 이러한 과정이 있었다고 볼 수 있어요. 약 3억 년 전 지질학 연대로 석탄기(石炭紀) 때에, 현재 석탄이 많이 나오는 지역은 열대성 기후였고 이때에 석탄의 원료인 식물이 번성했다고 볼 수 있지요.

이렇게 해서 만들어진 석탄의 총 매장량은 현재 전 세계적으로 약 8조 톤이나 되는 걸로 추산하여 석유의 50배 정도가 되고, 이 중에서 경제적으로 현재의 기술로 이용할 수 있는 가채매장량은 약 4천 3백억 톤으로 보고 있어요. 이것이 전 세계에 지역별로 분산되어 있으나 러시아와 그 주위의 연방국들이나 중국 등 공산권에 약 42%, 미국, 독일, 영국, 캐나다 등 OECD 가입국에 약 40%가 존재하는 걸로 되어 밝혀져, 이것조차 선진국이나 강대국 중심으로 편재되어 있구나 싶어 좀 씁쓸한 느낌이 들어요.

성 양: 이 지구는 철저하게 선진국 위주의 운영이 이루어지고 있나 봅니다. 석탄은 그렇다 치고 석유는 어떻게 만들어지며 얼마만큼 매장되어 있는지요?

박 교수: 석유가 형성되는 구조는 석탄과 달라서 플랑크톤이라는 미생물의 유기물이 그 근원이 되는 거예요. 이것이 바다 밑에 오랫동안 침전하여 바위의 틈바구니에서 기름과 물의 혼합물로 고이게 되는데, 이대로는 경제적으로 퍼 올리기가 어려워요.

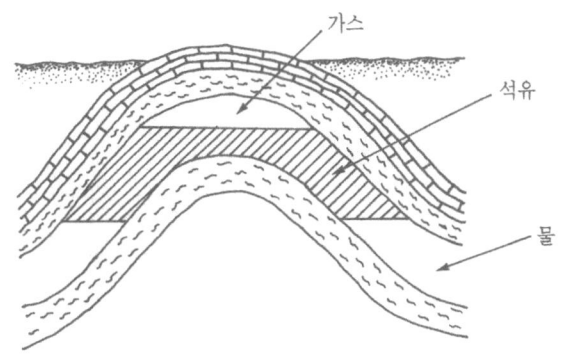

〈그림 2-1〉 배사구조에 형성된 '석유우물'

　경제적으로 이득이 되는 채굴은 '석유 우물'이라고 부르는 배사구조(背斜構造)의 저장암에 기름이 고이는 경우라야만 가능한 거예요. 이 배사구조란 석유가 얕은 곳에 존재하는 중요한 암석 구조인데, 이 그림 〈그림 2-1〉에 나타낸 것처럼 위로 볼록하게 솟아오른 저장암을 형성하는 구조를 일컫는 거예요. 이 구소에서 살게 분산된 기름은 물과 함께 이동해 가서, 볼록한 부분에서 가벼운 순서대로 천연가스, 석유, 그리고 물로 분리된답니다. 이 경우에 저장암은 기름과 가스를 담아두기 위한 틈바구니가 전체적으로 형성되어 있어야 하고, 또한 석유나 가스를 가두어 둘 뚜껑에 해당하는 바위도 필요해요.

　또 이와 같은 배사구조가 아니라도 이 그림(그림 2-2)에 나타낸 것처럼 단층(斷層)이 생기거나 부정합(不整合)인 지층 사이에서도 석유는 고일 수가 있는 거예요.

　지금까지 설명한 것은 지하에 묻힌 석유에 관한 것이었지

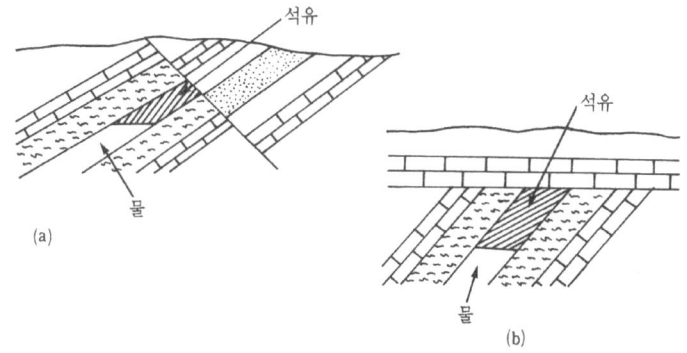

〈그림 2-2〉 석유우물들 (a) 단층, (b) 부정합

만, 지표에 고이는 경우와, 암석의 틈새나 단층 또는 부정합면 등을 통하여 지표로 스며 나오는 경우도 있습니다. 모래나 바위에 타르나 아스팔트 성분이 스며들어 있는 오일 샌드나 타르 쉘도 있어요.

성 양: 석유는 참으로 기묘한 과정을 거치면서 재미있는 곳에 숨어있게 되는군요. 그러면 석유는 이 지구상에 얼마나 매장되어 있습니까?

박 교수: 석유의 총 매장량은 2조 배럴, 다시 말하면 약 3,200억 $k\ell$로 추산하고 있어요. 1ℓ 용기는 잘 알고 있지요? 요즘 종이 우유팩 가운데 가장 큰 것을 약 1ℓ로 보면 되겠지요. 그것 1천 개가 1$k\ell$이고, 1$k\ell$를 배럴로 환산하면 약 6.3배럴이 된답니다.

 그건 그렇고 석유의 총 매장량 중에서 확인 매장량은 6,600억 배럴로 보고 있으며, 그 중에서 56%가 중동에 있고 공산권에는 16% 정도 매장되어 있는 걸로 알려져 있어요. 새로 발견되는 것들도 있지만, 전 세계적으로 탐사 경쟁이 너무나 심해서 차차 발견되는 양들이 줄어들고 있는 실정이에요. 그래서 자유세계의 석유 생산량은 2000년 전후로 하여 크게 떨어질 것이라는 예측도 있어요.

성 양: 그렇군요. 다음으로 또 한 가지 화석연료인 천연가스의 사정은 어떠합니까?

박 교수: 천연가스는 대부분이 석유가 생성되는 과정과 비슷하기 때문에 그 사정 또한 석유와 비슷하답니다.

이것 역시 원유의 저장암이나 그 근처의 틈새가 많은 바위에서 발견되는데, 천연가스만 나오는 경우와 석유와 함께 발견되는 경우가 있어요. 후자를 동반가스라고도 해요. 이 천연가스의 가용 매장량은 석유로 환산하여 전 세계 석유 가용 매장량의 약 70%로 추정하고 있으나, 이것 역시 멀지 않아서 공급이 수요를 감당할 수 없게 되는 현상이 나타날 것으로 보고 있어요.

성 양: 그렇게 공급이 부족하면 어떻게 됩니까? 지금 교수님의 말씀을 들으니까 석탄, 석유, 천연가스 등의 화석연료는 그 어떤 것도 그 양에 제한이 있고, 결국은 공급이 수요를 따라갈 수 없을 것 같은데 그렇게 되면 어떻게 되는 거예요?

박 교수: 입이 마르네. 숨을 좀 돌리고 다시 계속합시다.

박 교수는 자리에서 일어나더니 창문 밑에 설치된 싱크대 옆의 커피추출기에 물을 붓고 커피가 걸러질 동안에 창밖을 내다보았다.

높은 빌딩 몇 개가 삐죽이 솟아오른 시내가 멀리 보이고, 그 앞으로 캠퍼스 내의 짙은 숲이 내려다보인다. 아직도 싱그러운 녹음이 아침나절의 햇살을 받고 너울너울 춤추고 있었다.

박 교수는 얼마 전만 해도 자신이 인생의 완숙한 시점에서 지금의 녹음과 같은 입장이었으나, 이제는 그 고비도 넘어가고 좀 기울어져 가는 시기가 아닌가 생각되어 약간 서글퍼지는 것 같기도 했다.

커피가 다 걸러진 것 같아서 두 잔을 적당하게 채워서 자리에 되돌아오니, 성 양이 좀 미안하다는 듯이 미소를 지으며 일어서서 두 손으로 커피 잔을 받아들고 감사하다는 인사와 함께 박 교수와 같이 다시 자리에 앉는다.

생활 주변의 일들에 대해 몇 가지 이야기를 나눈 후에 다시 박 교수는 본론으로 대화의 길을 잡아나갔다.

박 교수: 아까 화석연료의 수요와 공급 문제에 대하여 대화를 하다가 중단했지요? 물론 모든 자원은 무한정으로 존재할 수 없고, 그것을 자꾸만 사용하면 그 자원은 점점 줄어서 언젠가는 없어지겠지요. 에너지 자원인 화석연료도 마찬가지예요. 앞에서 밝힌 것처럼 지구에 매장되어 있는 석탄, 석유, 천연가스의 양이 방대해서 좀처럼 줄어들지 않을 것처럼 생각되지만, 반면에 지구상에서 소모시키는(엄밀하게는 '전환시킨다'는 말이 맞지만) 화석연료 또한 엄청나게 많기 때문에 일정 기간 후에는 그 수급 균형이 무너지면서 얼마 안 가서 그 종류의 에너지는 고갈될 거예요.

성 양: 잠깐만요, 교수님. 지난주의 대화에서 에너지는 불생불멸의 물리량으로서 일정량이 보존된다고 하셨는데, 에너지가 고갈된다는 말씀은 모순이 되지 않습니까?

2. 현재 에너지의 주종 말입니까?—화석연료

성 양은 아주 기발한 의문점을 하나 발견했다는 생각에 마음속으로 쾌재를 부르며, 박 교수가 이 질문에 대답하기는 아주 난처할 거라고 생각하며 그를 올려다보았다. 그러나 웬걸 박 교수로부터 되돌아오는 반응은 그와 정반대인 핀잔뿐이었다.

박 교수: 또 착각을 하는군. '그 종류의 에너지'란 말에 유념해 줘요. 여간 정신 차리지 않으면 그런 생각을 문득문득 하게 되는 거예요. 석탄이나 석유가 타면 무엇이 나오지요?

성 양: 열과 빛, 그리고 연기가 나오지요.

박 교수: 지난주에 나무토막을 태웠을 때 일어나는 에너지 전환과 에너지 보존의 법칙을 〈그림 1-2〉에서 충분하게 설명했지 않아요?

성 양: 아, 생각납니다. 그러니까 석유나 석탄은 타서 원래의 형태는 갖지 않지만, 그 에너지는 다른 종류의 에너지로 전환하면서 전체 에너지양은 변하지 않고 보존된다는 말씀이지요.

박 교수: 바로 그거예요. 그래서 내가 지금 말할 때 '그 종류의 에너지'가 고갈된다고 표현한 겁니다. 이제 좀 구별이 되겠습니까?

성 양: 예, 무슨 말씀인지 이해됩니다. 그러면 교수님, 다른 형태의 에너지로 전환된 것들, 예를 들면 열, 빛, 그리고 연기 등을 다시 원래의 '그 종류의 에너지(화석연료)'로 되돌려 놓을 수는 없는 건가요?

박 교수: 그거, 아주 좋은 질문입니다.
이 질문에 대한 대답을 좀 구체적으로 설명하려면 물리학

에 대하여 꽤 깊이 있는 내용을 알아야 되겠는데, 성 양이 여기에서 그만한 지식과 내용을 단시간에 파악할 수는 없을 테니까, 우리는 그 결과만 가지고 간단하게 짚고 넘어가도록 합시다.

결론부터 이야기하면, 한 번 전환되었던 에너지를 외부의 도움 없이 저절로 원래의 에너지로 되돌리는 건 불가능합니다. 이 사실은 열역학 제2법칙으로 설명이 되는데, 우리가 살고 있는 이 주변의 모든 자연현상의 전환은 일방통행으로만 일어나는 거예요. 자연 속에서 일어나는 어떤 전환의 역전환이 저절로 일어날 수는 없는 겁니다. 그러니까 어떤 종류의 에너지를 우리 인간에게 유익한 동력으로 사용하고 나면 다른 종류의 에너지로 전환되는데, 전환되었던 에너지를 원래의 에너지로 되돌려서 전환하는 것은 불가능하다는 자연법칙이 있기 때문에 역전환은 일어나지 못합니다.

성 양: 예, 그렇군요.
　그렇다면 교수님, 지금 우리가 사용하고 있는 이 화석연료인 '그 종류의 에너지'를 모두 다 사용(전환)하고 나면 어떻게 되는 겁니까?

박 교수: 바로 그 점을 오히려 내가 성 양에게 질문해 보고 싶었어요. 그래 어떻게 되겠어요?

성 양: 글쎄요. 석유, 석탄, 천연가스가 모두 바닥나 없어진다? 산업에 큰 혼란이 일어나고, 우리 가정생활에 당장 큰 불편이 초래될 것 같다는 막연한 생각이 드는군요.

박 교수: 혼란이나 불편이라는 말로는 표현이 부족할 겁니다.

2. 현재 에너지의 주종 말입니까?—화석연료 39

아마 지구상의 인류에게 종말 또는 멸망을 초래할지도 모를 거예요. 과거나 현세의 여러 예언가들이 지구의 종말을 예고하고 있는데, 그 원인으로는 천재지변, 환경오염, 전쟁, 인구 폭발 등을 들고 있지만, 에너지 고갈도 그 한 가지 요인으로 꼽을 수 있을 거예요.

　이만큼 에너지 문제가 심각함에도 불구하고 우리 인간들은 그 심각성을 절실하게 직접 느끼지 못하고 안일하게 일상생활을 영위해 나가고 있지 않아요? 마치 우리가 살아감에 있어서 공기와 햇빛의 고마움을 모르고 지내는 것과 같다고 할 수 있지요.

성 양: 교수님 말씀을 듣고 보니 그렇군요. 우리가 살아가는 데 있어서 공기나 햇빛이 없으면 1시간, 아니 단 5분도 살 수가 없겠지요. 그런데도 그 고마움과 중요성을 모르고 무심코 살아가고 있으니 말입니다.

박 교수: 그래요. 에너지 자원도 마찬가지예요. 지금 당장 우리 주변을 둘러보면 에너지 자원이 사용되지 않는 곳이 없잖아요? 만일, 에너지 자원이 고갈된다면 우리 주변에서 움직이거나 돌아가거나 열을 발생하는 모든 것들이 극단적으로 멈춘다고 봐야지요. 생각만 해도 끔찍하지 않습니까?

성 양: 그렇겠군요. 그렇게 심각한 줄은 미처 생각하지 못했어요. 그러면 교수님, 거기에 대비한 무슨 대책은 없겠습니까? 예를 들면 지금부터 전 인류가 굳게 단합하여 에너지 자원의 소비(전환)를 줄여서 현존하는 방대한 양의 화석연료를 절약하여 앞으로 사용할 시간을 많이 늘리도록 노력하든지, 아니

면 수력발전, 태양에너지 개발, 또는 원자력 발전과 같은 새로운 에너지 자원들을 개발하여 그 에너지 부족을 메울 수는 없지요?

성 양은 지금까지의 대화중에서 어느 때보다도 진지하고 심각한 태도로, 지금까지 이 분야에 대하여 들어왔거나 알고 있는 지식을 총동원하여 그 해결책을 타진해 보았다. 박 교수는 마음속으로 이제 이야기가 꽤 핵심 쪽으로 들어가게 되는구나 생각하면서

박 교수: 성 양도 에너지 문제에 대하여 상당한 관심을 갖고 있군요. 태양에너지 개발, 원자력 발전 등도 거론할 정도니 말이오.

성 양: 현대 과학문명 시대에 살다 보니 오다가다 주워들은 용어일 뿐이에요. 호호호.

박 교수: 지금 성 양이 에너지 고갈에 대한 대비책에 대하여 꽤 전문적인 깊이까지 지적해 주었는데, 전자의 경우는 에너지를 절약하여 오랫동안 사용할 수 있도록 하자는 소극적 대책이고, 후자의 경우는 새로운 에너지를 적극 개발하여 지금보다 더 번성한 인류생활을 구현해 보자는 적극적 대책이 되겠지요.

그래요. 지금 지구상의 인류는 에너지 자원 문제에 대한 선택의 기로에 서 있다고 볼 수 있어요. 지금 지구상에 한정적으로 존재하고 있는 에너지 자원을 가능한 한 절약하여 버틸 수 있을 때까지 버려 보자는 선택이 그 한 가지가 되겠지요. 그러나 이 방법은 거의 불가능해요. 그 이유는 좀 있다가 다시 자세하게 설명하겠는데, 어쨌든 그것이 가능하다고 하

더라도 훗날 언젠가는 한정된 에너지 자원이 고갈될 것은 필연적이므로 후손들에게 멸망을 떠넘기는 책임회피밖에 되지 않지요.

또 한 가지는 성 양도 지적했다시피 새로운 에너지를 적극적으로 개발하여 에너지 자원 문제를 완전하게 해결해 보자는 능동적 극복 방법이에요. 이 방법에 관한 자세한 내용들은 앞으로 우리의 대화에서 구체적으로 설명이 있을 겁니다. 이 새로운 에너지의 적극적인 개발의 문제는 물론 환경문제나 에너지의 절대량 등과도 직접 관련되므로 그렇게 간단하지는 않답니다. 그러므로 이러한 내용은 다음 기회에 다시 자세하게 살펴보기로 하지요.

성 양: 예, 그렇게 부탁드리겠습니다.

그런데 가능한 한 에너지 자원을 절약하여 버틸 수 있을 때까지 버텨보자는 선택을 하게 된다면, 과연 얼마나 버틸 수 있겠습니까?

박 교수: 좋은 문제 제기를 해주었군요.

그럼 지금부터 앞으로의 전 세계 에너지 수급전망을 살펴보기로 할까요?

박 교수는 자리에서 일어나더니 서가로 가서 클리어 파일 한 권을 뽑아서 다시 자리에 앉은 다음 파일을 한 장씩 넘긴다. 각 장마다 그림이나 도표, 또는 요약문 등이 수록된 환등기(OHP)용 투명용지(TP)가 꽂혀 있었다. 부지런히 뒤적이다가 박 교수는 그 중에서 한 장에 손이 머물고 그것을 펴내면서,

박 교수: 자, 이 그림을 좀 보세요(그림 2-3). 그림이 좀 엉성

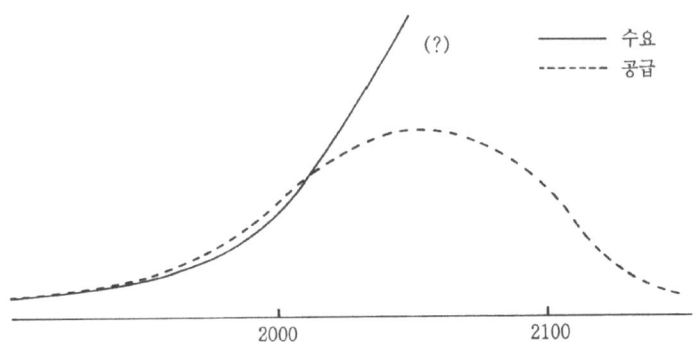

〈그림 2-3〉 서기 2000년 이후 에너지 수급 전망. 공급은 화석연료를 기준으로 하였다

하긴 하지만 전체적 경향은 이렇게 될 것이 틀림없어요. 이 그림은 다가올 서기 2000년을 기준으로 잡고, 그 전후의 에너지 수급전망을 살펴본 그림인데, 실선이 수요곡선이고 점선이 공급곡선을 가리키고 있어요. 여기서 공급 에너지는 물론 재래식 에너지 자원에 의한 공급이고, 새로 개발될 에너지 자원은 고려하지 않았어요.

그러면 수요쪽부터 먼저 살펴볼까요? 이 그림에 실선으로 나타낸 것처럼 2000년 이후부터 에너지 수요가 급격하게 증가하고 있어요.

성 양: 왜 그렇게 되는 거예요? 좀 전에도 말했듯이 모두들 절약해서 사용하면 이런 증가는 피할 수 있을 텐데 말입니다.

박 교수: 이 세상의 모든 인간이나 모든 나라가 모두 성 양과 같은 생각을 가지고 국가나 개인의 발전을 늦추더라도 다 같이 협력해 나간다면 수요의 증가율은 다소 떨어뜨릴 수 있

고, 시간을 좀 더 연장시킬 수 있겠지요. 그러나 멀지 않아 재래식 에너지 자원의 고갈은 피할 수 없어요. 하물며 모든 인간이나 국가가 그렇게 해 주기를 바란다는 자체가 현실적으로 무리겠지요.

현대 사회는 문명이 급속도로 발전하여 더욱 나은 생활을 영위하려는 욕망이 앞서게 되고, 개인적으로나 국가적으로 극심한 경쟁 속에서 각자가 경제적으로 잘 살아보려는 인간 본능적인 욕구가 강하기 때문에 그것을 억제한다는 건 불가능하지요. 어떤 철학자는 현대 사회를 제동장치가 없는 열차가 내리막 철로 위를 달려 내려오는 형상에 비유하지 않았어요? 에너지 자원의 수요도 그 비유와 흡사하다고 봐야지요. 말하자면, 개인이나 국가의 급속한 경제적 성장을 위해서는 에너지의 수요가 기하급수적으로 증가하게 되는 것이 당연하지 않겠어요?

가까운 예로서 우리 자신을 한 번 돌이켜 봅시다. 멀리도 말고 지금부터 한 15년 전을 생각해 봐요. 아마 성 양이 초등학교에 입학하기 전이었겠지요? 그 때 가정에 냉방장치가 있는 집이 얼마나 되었습니까?

성 양: 그 때라면 각 가정에 냉방시설은 드물었고 은행이나 대형 식당 같은 곳에는 있었지요. 그 때 저의 이모 댁이 시내 중심가에서 꽤 큰 레스토랑을 운영하셨는데, 여름에 가끔 놀러가서 그림책을 보면서 시원하게 즐거운 시간을 보냈던 기억이 납니다.

박 교수: 지금은 어때요? 성 양 집에도 에어컨이 있지요?

성 양: 저희 집에도 재작년 지독한 무더위에 혼이 난 후에, 작년에 좀 무리였지만 에어컨 1대를 설치했습니다.

박 교수: 거 봐요. 요즈음 웬만한 가정이면 냉방장치 1대쯤 설치 안 된 집이 없을 거예요. 그래서 한여름이면 연례행사처럼 전국의 예비전력이 부족하다 어쩌네 하고 야단법석들이잖아요.

냉방기에 소모되는 전력은 그 원천을 훑어가면 결국 에너지자원에서 나온 거예요. 그리고 냉방기나 전열기처럼 열을 이용하는 전기장치가 다른 가전제품들에 비하여 에너지의 소비(전환)가 월등하게 많다는 걸 상식적으로 알아두면 도움이 될 겁니다.

아무튼, 이렇게 개인적 생활향상을 위하여 전 세계의 각 개인들이 사용하는 에너지의 양이 연일 급증해 가고 있는 실정이에요. 내가 살아온 과정을 더듬어 보아도, 지금부터 35년 전이면 1961년으로 5.16 군사혁명이 일어났던 해로서, 그 생활이 지금과는 비교할 수조차 없었어요. 내가 대학 2학년 때인데, 가전제품이라곤 라디오 1대 있으면 괜찮은 집이었어요. TV, 냉장고, 세탁기, 에어컨, 전자레인지, 진공청소기, 이런 것들은 상상도 못했고 심지어 선풍기조차 없어서 부채와 그늘진 곳에서 자연바람으로 피서를 하곤 했지요.

지금은 어떻습니까? 엄청난 생활의 향상이 되어 있지 않습니까? 또 지금도 계속해서 더 편안하고 더 나은 생활을 하려고 야단들 아닙니까? 이렇게 향상된 생활이 거저 생기는 겁니까? 그 만큼 많은 에너지가 소요된다는 겁니다. 이처럼 전 세계의 각 개인이 향상된 생활을 영위하고픈 본능적 욕망 때문에 에너지 자원의 소비도 엄청나게 증가할 수밖에 없지요.

성 양: 그러면 이러한 개인생활 향상을 위한 에너지 소비만 절제하면 되겠군요.

박 교수: 그게 그렇지만도 않은 게 현실이에요.
　지금 지구 위의 모든 나라들이 국가발전을 위하여 가장 중점을 두고 있는 분야가 무엇이라고 생각합니까?

성 양: 그건 역시 경제개발 분야겠지요.

박 교수: 그렇지요? 오죽하면 경제 전쟁이라는 말까지 나오겠어요? 선진국은 선진국대로, 또 개발도상국이나 후진국들은 그들 나름대로 경쟁에서 뒤지지 않고 살아남기 위해서, 또는 국가의 개발을 위해서 처절한 경쟁을 벌이고 있지 않아요?
　이런 생존과 국가개발이 저절로 이루어집니까? 그것을 위해서는 대형 국가적 플랜트나 대형 프로젝트를 수행해 나가지 않으면 안 될 것이고, 그렇게 수행해 나가기 위한 동력은 어디서 나옵니까? 바로 에너지 자원 아닙니까?
　이러한 대형 국가적 사업에 소요되는 에너지 자원 또한 전 세계적으로 엄청나게 증가하고 있는 실정이에요. 이처럼 개인생활 향상과 국가경제 발전을 위한 에너지 자원의 대량 소모(전환) 때문에 지금부터 전 세계의 에너지 수요는 〈그림 2-3〉에 나타낸 것처럼 급격하게 증가할 것으로 예측하고 있답니다.

성 양: 그렇겠군요. 그러면 이러한 에너지의 수요가 막연하게 급증한다고 할 것이 아니라 구체적인 수치로 나타낼 수는 없을까요?

박 교수: 전문가들이 예측한 수치를 알기 쉽게 풀어봅시다. 에

너지의 단위는 무엇을 사용한다고 했지요?

성 양: 에너지의 단위라? 잘 모르겠는데요.

박 교수: 에너지를 이용하면 무엇을 할 수 있다고 했습니까?

성 양: 아, 예. 일을 한다고 했지요. 그래서 에너지의 단위도 일과 같다고 했습니다. 그런데 일의 단위라? 그것도 잊어버렸습니다.

박 교수: 역시 전공과목이 아니라서 기억하기가 힘든 모양이군요.

에너지의 단위는 일의 단위와 같아서 보통 줄(J: joule)을 많이 사용해요. 1J이라면 1kg의 물체에 힘이 작용하여 $1m/s^2$인 가속도를 내어 1m를 옮기는 데 필요한 일(마찰이나 저항 무시), 또는 약 0.102kg의 물체가 지표면으로부터 1m 높이에서 떨어질 때 한 일(마찰이나 저항 무시)로 정의할 수 있어요. 어느 정도인지 짐작이 됩니까? 나중에 다시 한 번 잘 생각해 봐요.

그런데 이 단위는 실용의 일 단위로는 적은 편이고, 국가 전체나 전 세계가 사용하는 에너지 단위에 비하면 너무나 적어서, 거기에 적합하게 약속한 큰 단위로 큐(Q)라는 단위를 사용해요. 1Q는 약 10^{21}J을 말한답니다. 짐작이 됩니까? 10의 21승이니까 1 다음에 0이 21개나 붙지요. 이렇게 큰 에너지 단위도 이해하기 힘드니까 더 쉽게 알아봅시다. 현재 전 세계에서 1년 동안 사용하는 에너지의 총량이 0.2Q보다 약간 더 많다고 보면 됩니다.

이렇게 Q로 나타낸 에너지 단위로 전 세계의 에너지 수요를 나타내어 보면, 과거 1900년에서 1950년까지 반세기 동

2. 현재 에너지의 주종 말입니까?—화석연료   47

종류	석탄	석유	천연가스
최대 공급년도	2100년	2000년	2000년
한계 공급년도	2200년	2050년	2050년

〈표 2-1〉 화석연료의 한계 공급년도

안에 모두 2Q를 사용했던 것이 앞으로 2000년에서 2050년까지 반세기 동안은 약 61Q를 사용할 것으로 전문가들이 예측하고 있어요. 그러니 100년 동안에 30배도 넘는 수요가 되는 셈이지요.

성 양: 그렇게나 많이 증가합니까? 정말 굉장하군요.

그렇다면 이러한 수요의 증가에 대응하여 감당할 수 있는 에너지 자원은 충분하게 보유하고 있는 겁니까?

박 교수: 그게 바로 현세를 살아가는 우리 인류에게 부닥친 가장 큰 숙제 중의 하나인 거예요.

현재 공급되는 에너지 자원의 주종인 석탄, 석유, 그리고 천연가스와 같은 화석연료의 매장량은 앞에서 말한 적이 있는데, 이들의 최대 공급년도와 한계 공급년도를 개략적으로 나타내어 보면 다음 표와 같이 되는 거예요(표 2-1).

박 교수는 파일을 넘기다가 또 한 장의 투명지를 펼치면서 손가락으로 짚어 나가며 설명을 계속한다.

박 교수: 물론 이 표는 추산에 의한 연도지만 전체적 경향은 거의 맞을 거예요. 그래서 이것들을 종합하면 결국 〈그림 2-3〉의 점선과 같은 공급곡선을 그릴 수 있어요.

그래서 현재 우리가 주로 사용하는 화석연료에 의한 에너지 자원은 2000년을 넘어서면서 공급이 수요를 따라가지 못하고 그 격차가 점점 벌어지면서 2050년 즈음에는 최대공급을 하지만 수요와의 격차는 엄청나게 벌어지고, 2100년이 넘어서면 수요와의 격차는 상상할 수조차 없게 되어 공급량은 거의 바닥이 나 버린다는 거예요.

성 양: 어머, 그렇게 되면 어떻게 됩니까?

박 교수: 아까 앞에서 에너지 자원이 고갈되었을 경우의 심각성을 충분하게 이야기하지 않았나요?

성 양: 아~참, 그랬지요. 이야기에 빠져서 에너지 자원의 공급이 끝난다는 사실과 에너지 자원의 고갈을 별개로 생각했군요. 따지고 보니 그게 그거군요. 그러니까 아무리 절약하려고 노력해도 멀지 않아 없어질 유한한 에너지 자원, 즉 화석연료의 매장량이 유한하므로 결국은 다 써버리고 우리 인류는 종말이나 멸망에 직면하게 될지도 모른다는 말씀이시군요.

박 교수: 그래요. 그렇게 되면 우리들은 원시사회로 되돌아가든지 아니면 멸망해 버리든지 하는 수밖에 없겠지요.

성 양: 그런 끔찍한 생각이 아니고, 좀 긍정적인 발상을 할 수는 없는 건지요? 다른 에너지 자원을 새롭게 개발하여 부족한 부분을 보충할 수는 없는지요?

박 교수: 예, 그거예요. 좋은 제의를 해줬어요. 인류의 역사는 도전의 순간순간들이 점철되면서 연속적인 발전을 거듭하여 오늘과 같이 찬란한 문명생활의 혜택을 누리면서 살아올 수 있었다고 봐요. 앞으로의 에너지 문제도 같은 맥락으로 생각해 보면, 비록 화석연료의 에너지 자원이 이 지구상에서 고

갈되어 버릴지라도 거기에 대체할, 아니 그보다 월등하게 많은 양의 새로운 에너지 자원을 개발해야 할 역사적, 숙명적 도전에 직면하고 있는 것이 현재 우리들의 입장이에요.

그래서 선진국을 위시한 전 세계 에너지 관련 과학자들은 새로운 에너지, 또는 대체에너지를 개발하려고 온갖 지혜와 과학을 동원하고 막대한 예산을 투입하는 등의 적극적인 노력을 기울이고 있는 중이에요.

그러니까 소극적으로 가만히 앉아서 찬란한 문명생활이 그대로 몰락하는 것을 보고만 있을 것이 아니라, 능동적이고 적극적으로 일어나서 더욱 풍부하면서 양질의 새 에너지 자원을 찾아내어서 후세들이 더욱 융성한 생활을 발전시켜 나갈 수 있는 터전을 마련해 주는 것이 현세를 살아가는 우리들의 의무가 아닌가 생각해요.

모두들 이러한 생각 때문에 다양하고도 기발한 착상들을 동원하여 새 에너지를 찾아내려고 많은 노력을 하고 있는 중이랍니다.

성 양: 어떤 것들이, 어떻게 개발되고 있는지 좀 자세하게 설명해 주실 수 없겠습니까?

이쯤에서 박 교수가 시계를 들여다보니 12시가 가까웠다. 늦여름 정오경이라 아직도 강렬한 햇살은 온 캠퍼스를 녹여 버릴 듯 뜨겁게 내려 쬐고 있었다. 이야기에 심취되었던 박 교수는 그제야 5교시(오후 1시)에 강의가 있는 것이 생각났다.

박 교수: 5교시에 강의가 있어서 오늘은 이쯤에서 끝내고 새 에너지 자원에 관한 이야기는 다음 기회로 미뤘으면 좋겠네요.

성 양: 어머, 벌써 이렇게 시간이 지났군요. 죄송합니다. 그럼 그 말씀은 다음 기회에 부탁드리겠습니다. 오늘 대단히 감사합니다.

박 교수: 다음 기회를 당장 약속해 놓지요. 쇠뿔도 단김에 빼랬다고, 내일 오후는 시간이 어떤가요?

성 양: (수첩을 꺼내어 시간표를 본 후) 마침 내일 오후에 시간이 비어 있군요. 좋습니다.

박 교수: 그럼 잘 됐군. 내일은 오후 2시부터 시작하여 좀 넉넉하게 이야기해 보는 것이 어떨까요?

성 양: 예, 좋습니다. 그럼 내일 오후 2시에 다시 찾아뵙겠습니다. 안녕히 계십시오. 다시 한 번 더 감사의 말씀드립니다.

성 양은 진심으로 감사의 인사를 정중하게 드리고 나서 연구실 문을 나서니 물리학과 학생들이 복도에서 와자지껄 떠들며 몰려간다. 곧 있을 점심 식사에 행복감을 느끼는 것처럼 흥겹게들 가는 것을 보고서야 성 양도 약간 시장기도 들고 시간도 어중간하여 점심을 먹기로 하고 제1과학관 뒤쪽에 있는 구내 학생식당으로 발걸음을 옮겼다. 각 건물에서 동시에 쏟아져 나온 학생들의 대부분이 식당으로 몰려들어서 커다란 식당 안이 금방 북새통이 되어 버렸다.

3
새 에너지 자원은 어떤 것들이 있나요?

오전에 3시간이나 되는 강의를 연속으로 듣고, 방금 구내식당에서 점심 식사를 마친 성 양은 대학신문사로 돌아와 더위를 식히고 있었다.

점심시간이라 사무실은 한결 조용하고, 새내기 기자인 조미현 양만이 문 앞쪽 큰 공동 책상에서 열심히 원고를 들여다보고 있을 뿐, 고즈넉한 늦여름 한낮 무렵의 사무실은 사색하거나 휴식하기에 알맞은 분위기가 되어 있었다.

성 양은 옆자리의 의자를 가까이 끌어당겨 놓고, 약간 실례인 줄 알면서도 신발을 벗은 후 두 다리를 그 의자 위에 걸쳐 놓는다. 그러면서 남쪽으로 난 창 쪽으로 시선을 두고 뒤로 비스듬히 반쯤 눕는 자세로 약간은 행복감에 취하면서 휴식에 젖는다.

창 너머 먼 시내 쪽 여름 하늘에는 뭉게구름이 군데군데 몰려다닌다. 의미 없는 시선으로 그 구름을 응시하며 어제 있었던 박 교수와의 대화 내용을 다시 한 번 되새겨 본다.

과연 우리 인간 생활의 발전을 더욱 융성하게 해줄 만큼 충분히 많은 양의 새로운 에너지 자원은 존재할 수 없는 것일까? 아니면 그러한 에너지 자원이 존재한다고 하더라도 아직까지 우리 인간이 찾아내지 못하고 있지는 않는가? 과학적 사실들 중에는 인간의 탐구 능력의 부족으로 밝혀지지 않은 것들도 얼마든지 많이 있을 테니까 말이야. 역사적으로 보아도 시간이 흐름에 따라 과학적 진실들이 한 가지씩 껍질이 벗겨져 새로운 사실들을 밝혀 온 경험도 많으니까 말이야. 아마 에너지 자원의 새로운 개발 문제도 어디엔가 꼭꼭 숨어 있는 숙제라 그렇지 언젠가는 풀릴 수 있는 문제일 거야. 그런데 '꿈의 에너지, 핵융합'이란 도대체 무엇이란 말인가? 얼른 알고 싶은데 박 교수님은 내가 예비지식이 없다고 순서대로 차근차근 한 가지씩 설명해 줄 태세니 별 도리가 없다. 답답하지만 참고 기다리면서 단계적으로 이 분야에 대한 지식을 쌓아갈 수밖에 없지.

이런저런 생각들을 하다가 성 양이 깜빡 잠이 들었나 보다. "영애 씨, 어젯밤에 뭐하고 벌건 대낮에 사무실에서 이렇게 실례를 하고 계실까? 저 입가에 붙은 파리가 10마리는 되겠네." 짓궂은 남학생 기자 김윤수 군의 굵은 목소리에 깜짝 놀라 눈을 떴다. "파리 수를 잘못 세셨군. 내 입술 감각으로는 11마리였어." 농담을 주고받다가 시계를 보니 2시 10분 전이다. 박 교수와 약속한 시간이 가까웠으므로 서둘러서 얼굴과 머리 손질을 간단히 하고 자리에서 일어나 제1과학관으로 향했다.

성 양이 박 교수의 연구실 문을 두드리고 들어가니 박 교수는 준비 중인 새 저서의 원고를 쓰고 있었다.

박 교수: 여, 어서 와요.
역시 지성인답게 시간을 잘 지켜 주는군. 지금 쓰고 있던 문장을 마저 마무리 짓고 갈 테니 그쪽에 앉아서 잠깐만 기다려 주겠어요?

하면서 눈짓으로 연구실 가운데에 놓인 응접용 의자를 가리킨다. 성 양은 연구실 문 쪽을 등 뒤로 하고 남쪽 창을 바라보며 조용히 앉았다.

3. 새 에너지 자원은 어떤 것들이 있나요? 53

박 교수는 진지하게 원고를 써 내려가다가 이윽고 펜을 놓고, 응접 테이블을 사이에 두고 반대쪽 의자로 가서 앉는다.

박 교수: 기다리게 해서 미안해요.

성 양: 아니에요.
 바쁘실 텐데 시간을 빼앗아 오히려 제가 송구스럽게 생각하고 있던 참입니다.

박 교수: 괜찮아요. 지금 우리 국내에서 에너지나 핵융합 분야에 대한 일반인들의 인식이 너무나 낮은 상태라서, 비록 성 양과 같은 학보사 기자일지라도 한 사람이라도 더 이 분야의 내용을 잘 인식하여서 사회에 널리 알릴 수 있었으면 좋겠어요.

성 양: 제가 뭐 그만한 능력이 있겠습니까만, 그렇게 생각해 주시니 더욱 송구스럽고 감사할 따름입니다. 그럼, 교수님, 어제 못한 새로운 에너지 자원에 대하여 계속 말씀해 주시겠습니까?

박 교수: 그렇게 합시다. 어디 보자, 무엇부터 먼저 말하는 게 좋을까? 우선 우리 인간이 현재 새로운 에너지 자원으로 개발하고 있는 것들의 종류부터 한 번 열거해 볼까요?

성 양: 태양에너지나 지열에너지와 같은 몇 가지는 저도 들어본 일이 있습니다만 그 외에도 여러 종류가 있는 모양이군요.

박 교수: 그래요. 지금 우리 인류는 현존하는 에너지 자원인 화석 연료의 고갈에 대비하여 풍부한 양의 대체에너지를 찾고 개발하려고 온갖 지혜와 인적, 물적 자원을 총동원하여 진력해 나가고 있는 중이에요.
 그렇게 개발한 종류도 다양하여서 태양열에너지, 태양광에너지, 조력(潮刀)에너지, 수온차에너지, 파력(波刀)에너지, 지열

에너지, 풍력에너지, 연료전지, 수소에너지, 핵분열에너지, 고속증식로, 그리고 핵융합에너지 등과 같이 열거할 수 있어요.

성 양: 정말, 그러고 보니 새 에너지 자원의 종류도 굉장히 많군요. 그리고 별별 것들이 다 있군요. 그런데 교수님, 태양에너지란 말은 들어보았습니다만, 방금 교수님의 말씀에 의하면 그것이 다시 태양열에너지와 태양광에너지로 구분되는 것 같은데 서로 어떻게 다릅니까?

박 교수: 그러면 그 문제만 말할 것이 아니라, 이쯤에서 앞에서 열거한 각종 에너지들을 하나씩 짚어가면서 각각의 뜻과 특성, 장단점들을 하나하나 설명해 볼까요?

성 양: 예, 부탁합니다.

박 교수: 그럼, 우선 최근에 우리 주변에서 자주 이야기하는 태양에너지부터 생각해 봅시다.

　태양에너지도 우리들이 이용하는 방법에 따라서 태양열에너지와 태양광에너지로 나누어서 생각하면 편리합니다. 햇볕을 쬐면 피부가 뜨거워지고 검게 타지요. 이때 뜨거움을 느끼는 것은 햇빛의 열에너지에 의한 작용이고, 검게 타는 현상은 햇빛의 빛에너지에 의한 화학적 작용에 의한 것이라고 생각하면 간단히 설명됩니다. 그러니까 태양에너지는 열작용과 빛 작용을 동시에 가지고 있는 겁니다. 이 중에서 열작용을 주로 이용할 수 있도록 만들면 태양열에너지 장치가 될 것이고, 빛 작용을 주로 이용하도록 만들면 태양광에너지 장치가 되겠지요.

성 양: 죄송합니다만 그렇게 설명하셔도 저에게는 얼른 이해가

되지 않는데, 좀 더 구체적 예를 들면서 한 가지씩 설명해 주실 수는 없겠습니까?

박 교수: 그럴 줄 알고 나도 한 가지씩 자세하게 설명해야 되겠다고 생각하고 있던 중이에요. 그렇게 합시다.

박 교수는 목이 마른지 얼마 전에 졸업한 제자가 인사차 오면서 가지고 온 음료수를 꺼내어 성 양에게 권하고 자신도 한 개를 따서 마신다. 그리고 나서 서가에서 영문판 책을 한 권 뽑아 뒤적이더니 한 면을 펼쳐 놓는다.

박 교수: 이 그림(그림 3-1)을 좀 봅시다. 이것은 태양열로 난방이 가능하도록 설비한 '태양열 주택(solar house)'에 대한 전체 얼개그림을 나타내고 있어요.

자세한 설명은 우리 대화의 줄거리에서 좀 벗어날 것 같으나 중요한 사실 한두 가지만 알고 지나갑시다.

열을 전달하는 열매체로는 가장 경제적이고, 구하기 쉬우며, 열용량(열을 품고 있을 능력의 척도)도 크고, 순환시키기도 쉬운 물을 일반적으로 많이 이용하고 있어요. 그래서 한 번 설치하고 난 후에는 돈이 전혀 들지 않아요.

반면에 일기에 큰 영향을 받습니다. 밤 시간이나 구름 낀 시간 동안에는 태양열을 거의 받을 수 없기 때문에 보조난방 장치를 설치해야 하는 번거로움도 있지요.

성 양: 지금 교수님께서 태양열에너지를 주택의 난방에 이용하는 경우만 말씀하셨는데 그 외에 응용 가능한 분야는 없습니까?

박 교수: 왜 없겠어요? 태양열 발전, 태양열 냉방장치, 태양열 농업, 태양열에 의한 바닷물이나 오수의 정수화, 태양열 요

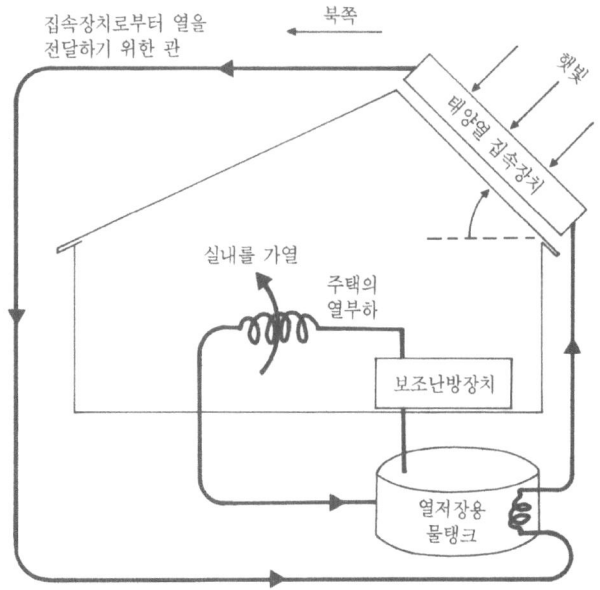

〈그림3-1〉 태양열 주택. 열에너지 저장 및 운반용 액체로 물을 주로 사용한다

리, 태양로 등등 그 응용 분야가 아주 많아요.

성 양: 태양열 농업이란 말씀을 들으니 우리나라 농촌에서 잘 이용하고 있는 비닐하우스가 연상되는군요.

박 교수: 바로 그거예요. 그게 대표적 태양열에너지의 이용 장치이지요. 그 외에도 농업에 이용되는 경우가 많아요. 저온 관개수의 수온상승, 저가격 온실 제작, 잡초의 고사, 눈 녹이기, 양수펌프 등 다방면에 이용하려는 지혜가 등장하고 있어요. 그 중에서 대표적으로 태양로를 예로 들어서 설명해 볼까 해요.

3. 새 에너지 자원은 어떤 것들이 있나요? 57

〈그림 3-2〉 거대 태양로. 현존하는 세계 최대의 태양로로, 프랑스 피레네 산맥 속에 설치되어 있다

성 양: 예, 그렇게 해주세요.

박 교수: 이 사진(그림 3-2)을 좀 볼까요? 이것이 현존하는 세계 최대의 태양로입니다.

　이 장치는 프랑스의 태양에너지연구소에서 피레네 산맥 속에 건설하여 1970년에 완성한 태양로인데 이 사진으로는 그 규모를 알기가 힘들 거예요. 철근 콘크리트 8층짜리 건물의 한쪽 외벽 전체를 포물형 거울로 하여 그쪽에 들어온 태양열에너지를 거울의 초점에 모두 집속시켜, 초점 위치에서 섭씨 2,000℃ 이상이나 되는 높은 온도를 이루어 1,000kW나 되는 동력(일률)으로 금속 등 각종 재료의 용융이나 성형 등에 유용하게 이용하고 있어요. 어때요, 이 정도면 산업용으로 충분하게 활용할 수 있겠지요?

성 양: 예, 충분히 가능하겠네요. 굉장한 장치군요. 우리 인간들이 에너지의 개발을 위하여 기발한 고안들을 다 하고 있군요. 햇빛까지 끌어 모아서 사용할 생각을 하고 있으니 말입니다.

박 교수: 햇빛을 모으는 방법도 여러 가지가 있는데, 여기서는 다음 그림(그림 3-3)을 참고하여 기본 방법 세 가지가 있다는 것만 알고 다음으로 진행해 가겠습니다. 이 그림을 한 번 훑어보기만 하세요.

성 양: 알겠습니다. 앞으로 '핵융합'에 대한 말씀을 하시기 전에 아직도 하실 말씀이 많은 것 같은데, 교수님께서 의도하신 대로 해 주시기 바랍니다. 저야 교수님께서 진행하시는 대로 따라가는 것만으로도 그저 감사할 따름이니까요.
  그건 그렇고 교수님, 이러한 태양열에너지를 이용하는 경우에 이로운 점과 나쁜 점은 어떤 것들이 있는 거예요?

박 교수: 예, 그 문제도 몹시 궁금하겠지만 잠시 참아주시고, 지금부터 태양광에너지에 관한 설명을 하고 난 후에 묶어서 전체 태양에너지 이용의 장단점을 이야기하도록 할게요.

성 양: 태양에너지의 이용이 아직도 남아 있다는 겁니까?

박 교수: 그래요. 그 동안에 잊은 모양인데, 이 대화의 서두에서 태양에너지의 이용을 두 가지로 나누어서 태양열에너지와 태양광에너지가 있다고 했지 않았어요? 그래서 한 가지씩 설명하기로 했지요.

성 양: 아참, 그랬었지요. 이야기에 심취해서 그만 깜빡했습니다. 그럼, 그쪽도 좀 말씀해 주시겠습니까?

3. 새 에너지 자원은 어떤 것들이 있나요? 59

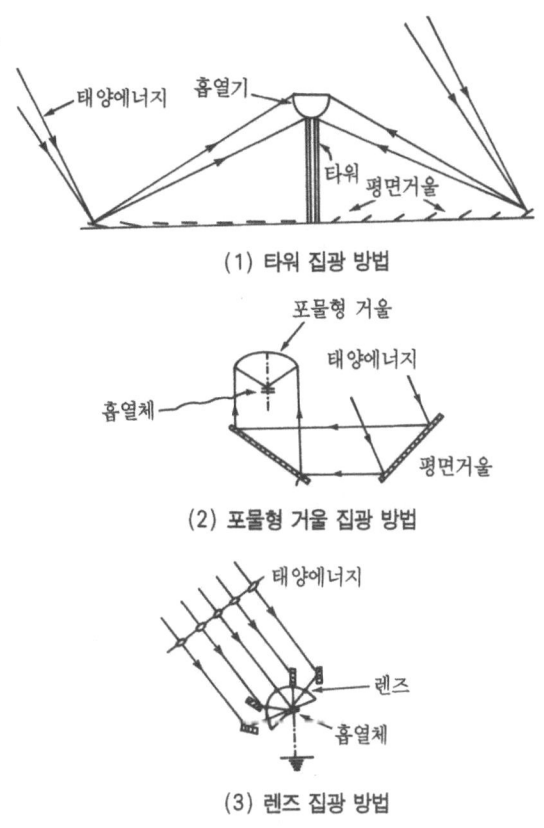

〈그림 3-3〉 태양열 집광의 방법

박 교수: 그렇게 합시다. 앞에서 말했듯이 햇빛은 열작용이 있고 아울러 빛 작용도 있는 거예요. 다시 말하면 햇빛의 빛살은 열을 실어 나르기도 하면서 빛살 그 자체가 에너지를 지닌 복사선의 성질을 가지고 있답니다.

이 빛살의 에너지를 태양전지에 넣어 주면 반도체의 접합 특성에 의하여 거기에서 전기가 발생하여 전기에너지로 만들

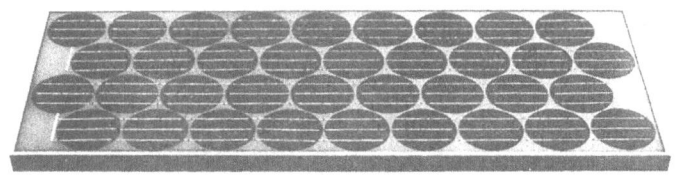

〈그림 3-4〉 시판 태양전지 패널. 여러 개의 태양전지를 직렬 또는 병렬로 연결하여 전압이나 전력을 높이고 수명도 연장시킬 수 있다

수 있는 거예요. 이것이 바로 태양광에너지의 응용사례에 해당됩니다.

반도체의 접합으로 만든 태양전지의 구조나 동작 특성을 설명하려면 꽤 복잡하므로 이것도 생략하겠어요. 물론 태양전지 한 개만으로는 전압이나 전력이 아주 작지만, 이 사진(그림 3-4)에 나타낸 것처럼 여러 개의 태양전지를 같은 평판 위에 직렬 또는 병렬로 연결시켜 주면 전압을 높일 수 있고, 전력도 증가시킬 수 있어서 실용화에 충분한 전기로 전환시킬 수 있는 거예요.

이 사진(그림 3-5)은 미국 캘리포니아 헤스페리아에 설치된 태양전지 발전소예요. 이 발전소는 1,000kW의 발전용량을 가졌지만 수천 kW짜리도 있어요. 우리 주변에서 가동되는 기존의 발전소들의 수십만 혹은 수백만 kW에 비하면 아주 적은 용량이지만 웬만한 곳에서는 실용화에 지장이 없고, 햇빛이 있는 곳이라면 어디든지 설치할 수 있으므로 송전에 따른 손실이나 위치 선정에 신경 쓸 필요가 없으니 아주 편리한 점도 많답니다.

그러므로 이러한 태양전지 패널들은 발전소에만 이용되는

3. 새 에너지 자원은 어떤 것들이 있나요? 61

〈그림 3-5〉 다량의 태양전지 패널로 건설한 태양전지 발전소.
이러한 장치로 수천 kW의 전력을 얻을 수 있다

것이 아니고 인공위성에서 소요되는 전기, 외딴섬의 등대용 전원, 통신용 전원, 그리고 태양전지자동차의 구동용 전원 등 그 응용범위가 점점 더 넓어져 가고 있어요.

성 양: 그러고 보니 요즈음 신문에서 태양전지자동차의 사진을 가끔 볼 수 있었어요. 태양전지도 흥미 있는 장치의 일종이군요.

박 교수: 그래요. 그래서 이 태양전지를 개발하는 연구자들은 이 장치를 더욱 개선시켜서 가능한 한 좀 더 대형의 태양전지를 제작하려고 하고, 햇빛을 전기로 변환시키는 변환효율이 높은 것을 만들려고 부단히 노력해 오고 있는 중이에요.

성 양: 예, 그래야 되겠군요. 그러면 앞으로는 이러한 태양에너지를 잘 활용하면 미래의 좋은 에너지 자원이 되겠는데요?

박 교수: 얼른 생각하면 그럴싸할 것 같은데, 그게 그렇게 간단하지가 않답니다.

물론 태양에너지를 이용하면 유리한 점도 없지는 않습니다. 우선 공해가 전혀 없는 깨끗한 에너지라는 점이 가장 큰 장점입니다. 그리고 태양에너지는 복잡한 매개 장치가 없이 직접 사용할 수 있으므로, 에너지 자체를 이용하는 데 돈을 지불할 필요 없이 공짜이므로 경제적 손실이 적다는 등의 장점도 있습니다.

그러나 단위면적당 떨어지는 에너지의 양이 적기 때문에, 태양 에너지를 집속시키거나 저장시켜서 실용성을 높이고 대용량의 에너지를 얻기 위하여 아주 넓은 지면이나 해면이 소요된다는 점이 큰 결점이에요. 전 세계가 현재 사용하는 전체 에너지를 태양에너지로 충당하려면 어쩌면 지구의 전 표면을 태양에너지 수집 장치나 태양전지로 덮어야 할 지경에 이르게 될지도 몰라요. 그렇게 되면 어떻게 되겠습니까?

성 양: 지구 표면을 모두 덮는다? 햇빛의 혜택을 받지 못하는 상태가 되겠군요. 그래도 모든 생명체가 무사하겠습니까?

박 교수: 바로 그 점이 문젭니다. 아마 얼마 안 가서 지구상의 모든 생명체는 멸망할 겁니다. 그런 끔찍한 일이 일어나서는 안 되겠지요. 결국 지구상에 떨어지는 태양에너지는 워낙 먼 거리에서 날아오기 때문에 에너지 밀도가 작아서 비효율적일 뿐만 아니라, 우주 공간에 떠 있는 작은 지구의 한쪽만을 쬐고 있기 때문에 공급하는 전 태양에너지의 절대량이 적어서 근본적으로 에너지 문제 해결의 대안이 될 수는 없는 거예요.

그 외에도 밤 시간이나 궂은 날씨에는 태양에너지를 거의 사용할 수 없는 결점을 앞에서 지적한 바 있으니까 그 점은 쉽게 이해할 수 있겠지요?

성 양: 예, 결국 태양에너지로도 에너지 문제를 해결할 수 없겠군요.

박 교수: 그래요. 그 다음에 과학자들이 생각해 낸 새 에너지 자원으로 이번에는 지구 표면 위에서 일어나는 변화를 이용해 보려는 시도도 있어요. 말하자면 바다나 육지에서 나타나는 변화를 이용해서 에너지 자원화해 보자는 시도지요.

예를 들면, 바닷물의 간조와 만조의 차이를 이용하는 조력발전, 바다 표면의 온도와 심해의 온도의 차이를 이용하는 온도차 발전, 파도의 운동을 이용하는 파력발전, 그리고 바람의 운동을 이용하는 풍력발전 등이 대표적인 것들이지요.

성 양: 아, 그런 것들도 모두 에너지 자원이 될 수 있군요. 그러면 교수님, 그것들도 한 가지씩 약간 자세하게 설명해 주실 수 없겠습니까?

박 교수: 그렇게 해봅시다. 한참 떠들었더니 목이 좀 칼칼하군요. 잠시 한숨 놀리고 합시다.

박 교수는 자리에서 일어나더니 두 팔을 높이 들고 뒤로 젖히면서 기지개를 한 번 크게 하고 허리를 몇 번 휘두른다. 그러고 나서 커피추출기에서 커피 두 잔을 뽑아 자리로 되돌아와 한 모금 마신 다음에, 서가에서 이번에는 일본서적 한 권을 뽑아 펼쳐 보이면서 다시 이야기를 계속해 나간다. 성 양도 따라 하듯 커피 한 모금을 마시면서 박 교수를 바라본다.

박 교수: 이 사진(그림 3-6)을 좀 봅시다. 이것은 현재 세계에서 유일하게 실용화된 조력발전 시설이에요. 프랑스의 랑스강 하구에 댐을 건설하여, 밀물 때에 높아지는 바닷물을 댐의 상류

〈그림 3-6〉 세계 유일의 실용화된 조력발전 시설. 프랑스의 랑스 강 하구에 댐을 건설하여 설치하였다

쪽에 수문으로 가두어 두었다가 썰물 시에 하류인 바다 쪽으로 흘려보내면서 터빈을 돌려 발전시키는 시설이에요.

댐의 길이가 750m, 높이는 25m인데, 이 사진에 나타난 것처럼 댐 위에는 왕복 2차선의 도로가 개설되어 있는 정도예요. 발전 시설은 1기당 1만 kW를 발전시킬 수 있는 수차가 24기나 설치되어 있어서 총 24만 kW를 생산할 수 있고요.

성 양: 이것도 대단한 시설이군요. 우리나라도 서해안, 특히 인천 부근 해안은 간만의 차가 심한 것으로 알고 있는데 우리도 한 번쯤 이러한 시설을 생각해 볼 수는 없는지요.

박 교수: 이 장치도 달의 인력에 따른 자연 변화의 힘을 빌기 때문에 에너지를 거저 얻는 것처럼 보이지만, 자세히 검토해 보면 결점도 많아요. 우선 달의 인력에 의한 바닷물의 밀물과 썰물이 주기적으로 교대로 일어나기 때문에 발전량을 일

정하게 유지할 수 없는 큰 결점이 있어요. 그래서 앞의 예와 같은 랑스강 하구의 조력발전소도 하루에 적으면 6시간, 많아야 16시간밖에 운전할 수 없어요.

그리고 바닷물 속에서 회전하는 수차가 바닷물에 의해 쉽게 부식될 우려, 상류에서 흘러 내려와서 댐에 걸쳐 쌓이게 될 모래나 흙의 준설 문제, 그리고 아무래도 물의 낙차가 그다지 크지 않기 때문에 생기는 에너지 변환 효율의 저하 문제 등등 여러 가지 어려운 점도 많아요. 그리고 무엇보다 큰 또 한 가지의 결점은 발전소 건설에 필요한 경비가 다른 시설에 비하여 발전량 당 비용으로 환산하여 굉장히 비싸게 먹히는 점이에요. 또 한 가지 결점은 밀물과 썰물의 차이가 큰 곳이면서 강의 하구인 곳이라야 설치가 가능하다는 지역적 제한 때문에, 지구상에서 이 조건을 만족하는 곳이 흔치 않다는 점입니다.

성 양: 아이고, 결점이 너무 많은 에너지군요.

박 교수: 새 에너지 개발의 하나로 아이디어는 좋은데, 현실적으로 실용화하여 이용하기에는 문제점이 너무 많아요. 그래서 전 세계의 모든 국가가 이 조력발전소의 건설을 꺼리는 눈치이고, 현재 주춤하고 있어요.

성 양: 그렇겠군요. 그러면, 바다에서 개발할 수 있는 또 다른 에너지에 대해서도 말씀해 주시죠.

박 교수: 그럽시다. 앞에서 잠깐 언급했지만 두 가지쯤 더 생각해 볼 수 있어요. 우선 온도차발전부터 생각해 봅시다. 이것을 영문으로는 'solar-sea plant'라고 부르기도 하는데, 적도

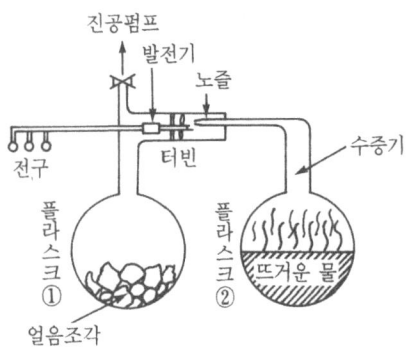

〈그림 3-7〉 온도차 발전의 원리

부근의 바다 표면의 수온은 30℃ 정도인 반면, 깊이가 500m에서 1,000m 정도인 곳의 수온은 5℃ 정도밖에 되지 않아요. 그래서 바다 표면과 바다 속의 온도 차이를 이용하여 발전시켜 보려는 시도입니다. 물리학의 한 분야인 열역학의 법칙에 의하면, 온도차가 있으면 그것을 이용하여 일을 할 수 있어요.

 이 온도차발전의 기본원리는 다음 그림(그림 3-7)과 같아요. 간단한 장치로 그 원리만 나타낸 겁니다. 두 개의 플라스크에 한쪽은 얼음조각, 또 한쪽은 뜨거운 물을 넣고 서로 관으로 연결한 후, 위쪽으로 공기를 뽑아낸다고 생각해 봅시다. 공기는 어떻게 흐르겠습니까? 당연히 뜨거운 쪽에서 차가운 쪽으로 흘러가겠지요. 그 중간에 이 그림에 나타낸 것처럼 가는 노즐을 설치해서 노즐을 통과한 빠른 증기가 터빈을 돌리도록 해주면, 그것이 발전기를 회전시켜서 전기를 발전할 수 있겠지요?

성 양: 그것도 그럴듯하군요.

박 교수: 그렇지요? 이 원리를 바닷물의 표면과 내부의 온도 차이에 적용시켜 보자는 아이디어예요. 이때 용기 속에 채워질 유체(流體)로 공기나 끓는점(온도)이 낮은 유체를 사용하거나, 같은 유체를 사용하더라도 압력을 낮춰 끓는점을 더 낮게 하여 보다 더 효율을 높이려는 시도도 연구 중이에요.

그러나 이러한 모든 노력을 기울여도 이 온도차발전 역시 결점이 많습니다. 우선 지구상에서 온도차발전이 가능한 지역이 많지 않다는 거예요. 즉, 지역적으로 적도 부근과 같은 일부 지역에만 편재되어 있지요. 그리고 설치 단가가 역시 높습니다. 아직은 설치 단가가 화력발전의 10배 정도나 되는 걸로 계산되고 있어요.

성 양: 이것도 역시 안 되겠군요. 바다에서 개발할 에너지의 또 다른 것에 어떤 것이 있습니까?

박 교수: 간단히 말해서 파도의 힘을 이용하려는 장치도 있어요. 성 양도 가끔 바다에 나가 보면 거대한 파도가 엄청난 힘으로 몰려오는 걸 본 적이 있지요? 그걸 이용해서 발전시켜 보려는 시도로서 이것을 파력발전이라고 하지요. 다음 그림(그림 3-8)을 보고 그 원리를 살펴봅시다.

이 원리는 약 100년 전부터 배들이 안개가 끼거나 시야가 나쁜 바다를 항해할 때, 항로 안내에 도움을 주는 무적(霧笛) 부이(buoy)에 잘 사용되었던 원리와 똑같아요. 이 장치를 바다 위에 띄워 두면 파도의 에너지 변화에 따라 이 장치가 상하 운동을 하면서 그림과 같이 공기가 장치 내부에 공급되다

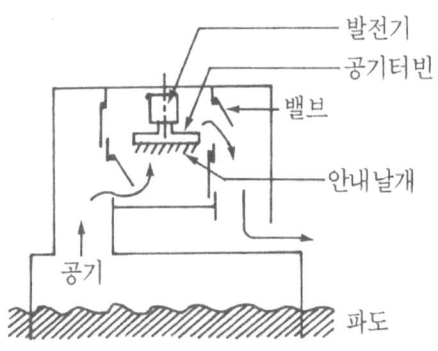

〈그림 3-8〉 파력발전 장치

가 빠져나갔다가 하겠지요. 이 공기의 흐름이 4개의 밸브를 적당하게 개폐하면서 위쪽에 있는 터빈을 회전시키고 그 회전이 발전기를 작동시킨다는 원리예요. 이러한 장치를 파도가 심하게 일어나는 바다 가운데나 해변에 설치하여 전기를 얻자는 시도인 거예요.

성 양: 이 장치로도 충분하게 많은 에너지를 얻을 수 있습니까?

박 교수: 바로 그 점이 문제지요.

이 방법의 가장 큰 결점은 전력을 대용량화시키기가 힘들고, 파력에너지를 전기에너지로 전환시킬 때의 효율이 작다는 점 등이에요. 지금까지의 실험결과에 의하면 한 곳의 시설로 기껏해야 수백 kW 정도밖에 얻을 수 없고, 발전효율도 10%에도 미치지 못하는 정도랍니다.

그래서 이 장치를 실용화하려면 장치를 대형화하고 보다더 효율성을 높여야 되겠는데, 그렇게 하자니 건설비가 아주 비싸게 들고, 따라서 발전단가가 높게 되지요. 그리고 이것도 앞의 두 가지 경우와 마찬가지로 지역적 편재가 심하답니다. 말하자면 파도가 심하게 많이 일어나는 곳이라야만 적용시킬 수 있는 것 아니겠어요?

성 양: 그러니까 바다에서 일어나는 변화를 이용하는 에너지 자원은 비슷한 결점들을 지니고 있군요.

박 교수: 옳지, 잘 봤어요. 해양에너지라 부르고 바다에서 얻을 수 있는 이 에너지 자원은 지역적으로 편재하고 있는 점, 시설의 설치에 건설단가가 높다는 점, 그리고 무엇보다 에너지 자원 자체의 양이 많지 않을 뿐 아니라 에너지 전환 효율이 낮아서 실용화하기에는 곤란하다는 점 등이 공통적으로 나타나고 있어요. 그래서 해양에너지의 이용은 당면한 새 에너지 자원의 개발 계획에서 제외되어 있는 실정이랍니다.

성 양: 그렇겠군요. 정확하게는 모르겠지만 그러한 결점들을 내포하고 있다면 새로운 에너지 자원의 후보에서 일단 제외시키는 편이 합당하겠군요. 그러면 그 외에 지구표면에서 일어나는 변화를 에너지 자원으로 활용하는 방안은 없습니까?

박 교수: 또 있긴 있지요. 해양에너지에 관한 이야기는 이쯤에서 마치고, 이번에는 육지 쪽으로 눈을 돌려서 육지에서 일어나는 변화를 에너지 자원화 하는 문제를 생각해 봅시다.

두 가지를 생각할 수 있는데, 한 가지는 풍력발전, 또 한 가지는 수력발전이에요.

풍력발전은 바람의 에너지를 이용하는 것으로, 풍차를 설치하여 풍력에 의한 회전운동을 전기에너지로 바꾸어서 이용하자는 원리예요. 이 장치는 높은 산이나 외딴 섬에서와 같은 특수한 고립지역에서는 효과적으로 이용할 수는 있겠으나, 다른 어떤 장치보다 지형, 기상조건, 그리고 계절에 영향을 많이 받으므로 사용하지 못하는 시간이 많아서 불편한 점도 많아요. 그래서 다른 보조 장치가 반드시 필요합니다. 보조발전기나, 나중에 언급할 연료 전지에 결합시켜 같이 사용하거나, 또는 태양전지와 함께 사용해야 하는 거예요. 태양전지나 연료전지보다 비용이 싸게 든다는 이점은 있어요.

또 한 가지인 수력발전은 현재 에너지의 주종인 화석연료와 겸용으로 지금 이 순간에도 전 세계에서 잘 사용하고 있지만, 미래의 에너지 자원을 이야기하는 범주에서는 제외시키겠어요. 왜냐하면 이 수력발전으로 얻는 에너지의 양이 화석연료들에 비하여 무시할 수 있을 만큼 적고, 더 이상 증대시킬 여지도 없어서 제외시켜도 무리가 없어요.

그러나 소규모의 계곡발전소를 많은 곳에 국지적으로 설치하여 송전 손실을 최소화시키면서 그 지역에 필요한 전력을 공급할 시설들은 계속하여 확대시킬 가능성은 있고 또 권장할 만한 것이에요.

성 양: 그러니까 육상에서 얻을 수 있는 에너지 자원도 그다지 기대할 만한 것이 못 되겠군요.

박 교수: 그래요.
이왕 내친 김에 이번에는 땅속으로 들어가 볼까요?

성 양: 예? 무슨 말씀이신지요? 갑자기 땅속에는 왜 들어가며, 거기서 무엇을 합니까?

박 교수: 아니, 우리가 지금 새 에너지 자원 개발에 대한 이야기를 하고 있는 중이니까 땅속에는 그런 것이 없나, 찾아보자는 겁니다. 지금까지 바다 위와 육지 위에서 얻을 수 있는 에너지 자원을 알아봤으니까, 이 지구에서 남은 또 한 군데인 땅속도 한 번 들여다보자는 겁니다.

성 양: 아, 예. 저는 무슨 말씀이신지 몰라서 깜짝 놀랐습니다. 그러면 땅속에도 화석연료 외에 에너지 자원이 또 있다는 겁니까?

박 교수: 물론 있어요. 땅속 깊숙한 지구의 내부는 무엇으로 구성되어 있지요?

성 양: 제 기억으로는 용암 또는 마그마로 차 있다고 배웠어요.

박 교수: 그래요. 그것들은 어떤 상태로 있는 거죠?

성 양: 수천 ℃나 되는 높은 온도로 모든 물질이 녹아서 용융상태로 있다고 배웠습니다.

박 교수: 맞아요. 마치 용광로 속에 녹아 있는 쇳물처럼, 모두 녹아서 높은 온도로 많은 열을 보유하고 있는 물질 상태를 마그마(magma)라고 해요. 이 마그마가 지각 밑에서 고온·고압상태를 유지하고 있는 거예요. 이러한 마그마가 지구 속에서 유동하다가 지각 일부에 틈새가 생기면 그 틈새를 뚫고 올라와서 지표에서 깊이 수 km로부터 10km 사이에서 고이게 된다고 봐요.

다음 그림(그림 3-9)을 봅시다. 맨틀이라는 껍질 밑에 원래의 마그마가 있고 그것이 맨틀의 틈으로 비집고 솟아올라, 단단한 지각 밑의 적당한 조건을 만족하는 공간에 고이게 되

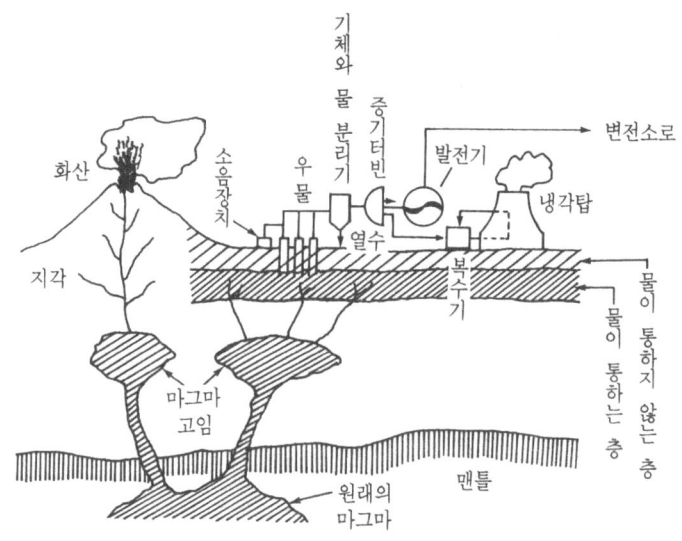

〈그림 3-9〉 지열발전소의 구성도

는 거예요. 이렇게 고인 마그마가 이 그림의 왼쪽에 나타낸 것처럼 지각의 약한 틈을 뚫고 지표까지 올라와서 폭발하면 바로 화산이 됩니다. 한편으로는 끝까지 올라오지 못하고 물이 통하는 중간층에서 열을 공급하기도 한답니다.

성 양: 아, 온천은 그렇게 해서 뜨거운 물이 나오게 되는군요.

박 교수: 그래요.

위와 같은 조건이 잘 만족되는 곳에 온천이 가능하답니다. 일본에는 여러 곳에서 이러한 뜨거운 물이 지표까지 올라와 유명한 관광지가 되어 있어요. 홋카이도 노보리베츠의 지옥 골짜기, 규슈 벳푸의 각종 지옥샘, 하코네 산록의 오와키타니 등이 대표적인 곳이에요. 나는 운이 좋아서 이 세 곳을 모두 여행하여 직접 관찰한 일이 있어요. 정말 신기하기도 하고 한편으로는 폭발할 가능성은 없는지 두렵기도 하더군요. 성양도 차차 사정이 허락하거든 가보세요. 한 번쯤 볼만해요.

성 양: 예, 꼭 한번 가보고 싶군요. 그러니까 일본에는 온천도 많군요.

박 교수: 예, 그래요. 그렇기 때문에 온천 수질도 아주 좋답니다. 아무튼 이러한 지열을 이용하여 발전시켜 보려는 시도가 있다는 말입니다. 이 그림의 오른쪽 위에 그 구성 원리를 나타내고 있어요.

땅속 수 km를 뚫어서, 분출되어 나오는 지열 증기를 이용하여 터빈을 돌리고 발전기로 전기를 얻으려는 구조예요.

성 양: 그것도 그럴듯하군요. 아, 그러니까 바로 이게 지열발전이군요. 들어본 일은 있습니다만…… 어쨌든 이러한 시설에도 장단점은 있겠지요?

박 교수: 물론 있어요. 장점으로는 비교적 대용량의 에너지를 싸게 얻을 수 있는 점이에요. 그 반면에 개발비와 발전소 건설비가 비싸게 들고, 이것 역시 지역에 따른 개발의 난이도 차이가 큽니다. 그리고 무엇보다 마그마에 함유된 유황 성분을 대량 방출하여 주변의 생물을 고사시키는 대기오염과 고압의 증기가 분출할 때 발생하는 소음 등에 의한 환경공해가 가장 큰 결점입니다.

그러나 이탈리아, 일본, 미국 등과 같이 지열에너지의 개발 조건이 좋은 나라들에서 국지적으로 유용하게 잘 활용하고 있는 예들도 많이 있어요. 현재 전 세계 10여 개 나라에서 개발하여 활용하고 있답니다.

성 양: 그래도 꽤 많은 나라들이 이용하고 있군요.

박 교수: 그래요. 이러한 지열을 보다 더 과감하게 이용해 보려는 대담한 구상도 있어요. 무엇이냐 하면, 바로 화산 그 자체의 분출력과 고온의 열을 직접 이용해 보고자 하는 생각이에요. 그러나 이 구상은 위험성과 장치의 복잡성 등으로 실용화하기에는 좀 무리가 아닐까 하는 생각이 듭니다.

성 양: 별 기발한 구상들도 다 하는군요. 호호호.

박 교수: 그렇지요? 새 에너지 개발을 위하여 온갖 몸부림을 치고 있는 셈이지요.

성 양: 그럼 다른 것들도 또 있겠군요.

박 교수: 물론이지요. 아직도 여러 가지가 남아 있어요. 그들 중에서 자질구레한 것들은 제외시키고 한두 가지만 더 간략하게 설명하고 새 에너지 개발 문제는 이쯤에서 끝내는 게 좋을 것 같군요. 개발 가능한 에너지 자원을 모두 열거하여 자세하게 설명하려면 그것만으로도 엄청난 분량이 되니까 말이에요. 그러면 이것도 마저 설명해 보겠습니다.

그 한 가지는 바이오매스(biomass)라는 것이고, 또 한 가지는 수소연료 또는 연료전지의 개발이에요. 바이오매스는 현존하는 생명체를 직접 에너지로 전환시켜서 이용하거나, 그러한 생명체가 이루어지거나 성장하는 메커니즘을 연구하여 그 과정을 인위적으로 만들어서 직접 에너지를 생산해 보자는 원리예요.

지금 에너지의 주종인 화석연료를 사용하기 이전에 우리나라에서 난방의 주종은 장작이나 나뭇잎 등이었답니다. 이것이 바로 바이오매스의 좋은 이용사례가 되겠지요. 그리고 최근에는 나무가 성장하는 과정을 그대로 실험실에서 인공으로 재현시켜 그 에너지를 이용해 보려는 연구도 활발하게 진행해 가고 있어요. 석유 나무라는 말을 들은 일이 있는지 모르겠는데, 이 나무처럼 식물 중에서도 특별하게 유용한 에너지를 더 많이 함유한 것들을 중심으로 하여 그 생성과정을 연구하고 있는 중이에요.

다음은 수소연료에 대하여 알아볼까요? 이 수소연료는 연료전지(fuel cell)라는 에너지 장치와 결부시켜서 생각하는 것이 좋겠네요. 연료전지는 물의 전기분해의 역현상이라고 생각하면 되겠어요. 전기에너지가 공급되어 물을 분해하면 산소와 수소로 분리되는데, 이 사실을 역으로 생각하면 산소와 수소가 결합할 때 에너지를 방출한다고 볼 수 있어요. 이렇게 만든 장치가 연료전지입니다. 이것으로 인공위성에서 소요되는 전기의 일부와 음료수를 동시에 생산하여 우주선 내에서 직접 이용하고 있어요.

이 연료전지에서 주원료가 되는 성분은 수소입니다. 그래서 수소 연료라고 하지요. 수소가 생산이 되면 공기 중에 늘 존재하는 산소와 쉽게 결합시킬 수 있으므로 수소가 주연료입니다. 이 수소 연료는 그 원료로 바닷물을 이용할 수 있으므로 거의 무진장한 에너지 자원이 지구상에 존재한다는 점, 공해가 없는 깨끗한 에너지 자원이라는 점, 열량이 높은 점 등 좋은 장점을 가지고 있어서 호감이 가는 자원임에는 틀림없으나, 산소와 수소가 결합하여 물이 될 때 큰 폭발이 일어나는 흠이 있습니다. 그리고 공기 중에서 인화성이 아주 강하답니다. 그래서 안전성 문제가 아주 큰 골칫거리예요. 그리고 아직은 장치의 제작단가가 상당히 높은 편이라 실용화하기에는 이른 감이 있어요.

그렇지만 수소가 공기보다 훨씬 가볍기 때문에 교통기관, 그 중에서도 항공기 등의 연료로 사용하여 아주 유익하게 활용할 수 있을 것이라고 판단하고 있어요.

성 양: 아이고, 새 에너지의 종류가 정말 많고 복잡하군요. 저는 지금 정신을 잃을 지경입니다. 오늘은 이 정도로 마치는 게 어떻겠습니까?

박 교수: 예, 슬슬 끝내도록 하겠는데, 마지막으로 한 가지만 더 언급하고 마칩시다.

성 양: 아니, 또 있습니까?

박 교수: 이번에는 새 에너지 자원의 개발이 아니라 기존의 에너지를 더욱 효율 좋게 하거나, 공해를 제거하여 사용하려는 것들입니다. 예를 들면, 석탄을 액화 또는 기체화시킨 연료, MHD(자기 유체동역학적) 발전, 그리고 앞에서 예를 든 연료전지 등이 이러한 구상들입니다. 이것들에 대한 자세한 설명은 시간이 없으므로 그만 생략하겠어요.

이제 오늘 이야기는 정말 여기서 마무리하도록 하겠습니다. 긴 시간 동안 잡다한 내용을 들어줘 고맙습니다.

성 양: 아니에요. 저야말로 많은 시간을 할애하셔서 유익한 말씀을 해주신 교수님께 뭐라 감사의 말씀을 드려야 할지 모르겠습니다. 다만 지금 머리가 좀 복잡하게 되어 헷갈리지나

않을지 염려스럽습니다.

    그럼, 오늘도 이만 실례하겠습니다. 거듭 감사하다는 말씀밖에 드릴 수가 없습니다. 안녕히 계십시오.

성 양이 박 교수의 연구실을 뒤로 하고 밖으로 나오니 어느덧 하루도 저녁녘으로 흘러가고 있었고, 학생들은 제각기 삼삼오오 짝을 지어 집으로, 또는 중앙도서관으로 향하고 있었다. 모두들 젊음의 싱싱함을 마음껏 누리고 있어서 보는 사람의 눈조차 싱그럽게 해 주었다.

4
제3의 불을 아세요?—원자력발전

　오늘은 박 교수와 성 양이 살고 있는 시의 동남쪽 가장자리 쯤의 나지막한 산자락에 시내를 내려다보고 자리한 'ㅅ관광호텔'의 커피숍에서 성 양과 박 교수가 자리를 같이 하기로 되어 있었다. 이 호텔은 이 C시에서 가장 오래된 관광호텔로, 한때는 대통령을 비롯한 국빈이나 외국의 귀빈이 이 도시를 방문하면 묵고 가던 곳이기도 하다. 눈 아래로 이 도시의 유원지이기도 한 꽤 큰 호수가 있어서 그 주변은 울창한 숲을 이루고 있고, 그 너머로 신흥 주택지가 넓은 들에 펼쳐져 있으며, 그보다 더 먼 서북쪽으로 시가의 중심지가 형성되어 있어서, 아늑하고 조용한 곳이다.
　박 교수가 오늘 이곳을 대담 장소로 정한 것은, 한국 물리학회의 초청연사이신 일본의 저명한 교수 한 분을 이곳 C시에 소재한 박 교수의 재직 대학에서도 특별 세미나를 개최하도록 부탁하여 이곳에 모셨기 때문이다. 오늘 일정도 모두 마치고 저녁 식사도 끝낸 시간이라 그 교수 내외분을 객실로 안내하여 좀 쉬게 한 후 아래층 로비 옆에 있는 커피숍에 내려와 성 양을 기다린다.
　마침 창가에 자리를 잡은 박 교수는 성 양과 약속한 시간이 30분 정도 남아 있기에, 어둠 속에 묻혀 있는 창밖의 시내 야경을 내려다보면서 하루의 피로를 누그러뜨려 본다. 종일 일본 교수 내외분을 안내하면서 돌아다니느라 많이 피곤했던 것이

다. 푹신한 의자에 앉으니 한결 편안하다. 눈을 지그시 감고 피로를 풀면서 곧 나타날 성 양에게 오늘 들려줄 이야기 내용의 줄거리를 머릿속으로 정리해 본다.

얼마쯤 지났을까 박 교수가 피로에 못 이겨 잠깐 졸았다고 생각 했을 때, 성 양이 헐레벌떡 나타나서 맞은편 의자에 들고 다니던 가방과 교정용 원고뭉치들이 들어있는 봉투를 대충 포개 놓고 그 옆 자리에 앉는다.

성 양: 어머, 죄송해요.

약속 시간에 늦었습니다. 이쪽으로 오는 교통편이 좋지 않고, 중간에서 택시로 갈아탔지만 퇴근 시간이 지났는데도 길에 자동차가 어찌나 많은지 택시 안에 갇혀서 옴짝달싹도 못하고 조급증만 나지 뾰족한 방도가 없더군요.

박 교수: 괜찮아요. 내 사정 때문에 이렇게 외진 곳까지, 그것도 성 양같이 아리따운 숙녀를 야간에 오게 해서 미안해요. 보자, 10분밖에 늦지 않았네. 뭘. 허허허.

아무튼 석유 한 방울 나오지 않는 나라에서 자동차 수는 자꾸만 증가하고, 그것도 대형자동차를 선호하니 우리 국민들의 의식도 큰 문제이지요. 선진국에서는 소형차 보급률이 우리보다 훨씬 높아요. 우리도 하루 빨리 허세의식, 거품생활을 줄이고 실속있고 차분한 분위기로 실리 위주의 알찬 생활 태도가 정착되어야 할 텐데.

박 교수는 성 양의 지각에 대한 미안함을 달래주면서 그런 감정을 쉽게 잊도록 말의 줄거리를 다른 쪽으로 돌려버리는 자상함까지 배려한다. 또 평소에 박 교수가 느꼈던 우리 국민성의 큰 결점도 한 번 토로해 본 것이다. 박 교수는 선진국에서 5년 이상이나 생활하면서 그들과 우리의 생활상의 차이점과 의식의 다른 점들을 유심히 관찰해 왔고, 우리 의식에 개선해야 할 점이 너무나 많다고 늘 생각해 왔기에 그 일부를 말한 것이다.

성 양은 고개를 끄덕이면서 동감을 나타낸다. 그러면서 오늘은 지각도 했을 뿐 아니라 늘 폐를 끼쳤기에 차나 한 잔 대접해 드릴 요량으로 종업원을 불러 박 교수에게 차를 주문하게 했으나, 박 교수는 학생에게 부담을 줄 수는 없다고 하면서 한사코 사양하고 성 양에게 차를 주문하게 한다. 자신은 오렌지 주스를 주문한다. 밤 시간에 커피를 마시지 않는 습관이 있기 때문이다. 성 양은 도저히 이길 수 없다고 판단하여 박 교수의 뜻대로 커피를 주문했다. 그리고 곧 말문을 열었다.

성 양: 교수님, 오늘은 교수님께 듣고 싶은 대화의 주제를 제가 선정해도 괜찮겠습니까?

박 교수: 물론, 좋습니다.

성 양: 지난번에 교수님께 여러 가지, 그야말로 다양한 새 에너지 자원의 종류와 그 장단점들을 잘 듣고 난 뒤에, 새 에너지에 대한 관심과 호기심이 발동하여 이것저것 자료들을 뒤적여 봤습니다. 그랬더니 중요한 한 가지가 빠져 있더라고요.

박 교수: 그게 뭔데요?

성 양: 원자력에너지가 있더군요.

박 교수는 여기서 빙그레 웃으면서 '이 녀석, 꽤 똘똘한 녀석이군'하고 마음속으로 생각한다. 이 원자력에너지에 관한 이야기는 지난번 대화에서 일부러 지나쳐 버렸던 것이다. 이 내용은 그만큼 별도의 중요성을 가지고 있고, 그 분량이 많기에 그렇지 않아도 오늘 이야기해 주려고 미루어 왔던 것인데, 그 영역에 성 양이 이미 뚫고 들어왔으므로 '잘 되었구나' 싶었다. 의기투합이 잘 이루어졌다고나 할까?

박 교수: 이런 경우를 뭐라고 하면 되나? 일반적으로 우리는 이런 경우를 텔레파시가 통했다고 하나요?

나도 똑같은 생각을 했어요. 오늘은 원자력에너지에 대한 이야기를 하려고 이렇게 그쪽 분야의 자료들도 준비해 가지고 왔지요.

이 원자력에너지는 새 에너지 자원 중에서 별도의 중요성을 지니고 있을 뿐 아니라 이야기할 내용이 많기 때문에 지난 시간에 일부러 제외시켰던 겁니다.

역시 성 양은 집착력이 대단한 학생이군요. 지난 시간에 새 에너지 자원에 관한 이야기를 듣고 그 동안에 빠뜨렸던 중요한 나머지 한 종류까지 집어내 주니 말입니다.

어쨌든 오늘은 우리가 의기투합이 잘 되었으니 더욱 좋은 대화가 이루어질 것 같은 예감이 드는군요. 이런 경우를 물리학 전문용어로는 '공진'이 이루어졌다고 합니다. 우리 공진 상태로 이야기를 잘 진행해 봅시다.

성 양: 예, 호흡이 잘 맞으니 잘 진행될 것으로 믿습니다. 저로서는 잘 부탁드린다는 말씀밖에 드릴 말씀이 없습니다.

박 교수는 가방에서 자료와 책들을 주섬주섬 꺼내어 옆자리의 의자에 올려놓고 자리를 고쳐 앉는다. 이때 주문했던 커피와 오렌지 주스가 나와 한 모금씩 마시면서 이야기를 꺼내기 시작한다.

박 교수: 보자, 무엇부터 먼저 이야기할까? 우선 성 양에게 한 가지 질문부터 해볼까요?

인간이 동물들보다 다른 뛰어난 특징이 있다면 어떤 것들이 있을까요?

성 양: 글쎄요, 쉬울 것 같으면서도 얼른 말하려니까 쉽게 나오지 않는군요. 어떤 것이 있을까? 우선 감정을 소유하고 그것을 표현할 수 있는 능력을 가진 점, 사고하고 창조하는 능력을 가진 점, 문화생활을 영위해 갈 수 있다는 점 등등 이러한 것들이 우선 생각나는 차이점들이겠네요.

박 교수: 그렇게 포괄적이고 형이상학적으로 말할 수도 있겠지만, 그보다 더 쉽게 구체적인 예를 들어 말해 봅시다.

웃거나 울 수 있다는 점이 가장 간단한 예시가 되겠네요. 이와 마찬가지로 '불을 사용할 줄 안다'라는 사실도 빼놓을 수 없는 한 요소가 될 겁니다.

이처럼 우리 인간은 일찍부터 '불', 즉 '에너지'를 잘 다룰 수 있었기 때문에 오늘과 같이 찬란한 문명생활을 영위해 올 수 있었고, 앞으로 더욱 발전된 생활을 누릴 수 있으리라고 희망하고 있어요.

그럼 우리 인류가 출현한 후 지금까지 사용해 온 에너지(불)를 시대별로 구분하여 크게 몇 단계로 나누어 볼까요?

성 양: 그러한 구분도 가능합니까?

박 교수: 반드시 이렇다는 구분이라기보다 역사의 흐름에 따라 몇 가지 고비가 있었던 걸 구분해 보자는 말이에요.

그럼, 인류가 가장 먼저 사용한 불은 어떤 형태의 불이라고 생각합니까?

성 양: 초등학교 때 배운 바로는, 원시인들이 산의 나뭇가지들이 바람에 흔들리면서 마찰할 때 불이 나서 화재가 일어나는 사실에 착안하여 두 물체를 마찰시켜서 얻은 불이 최초인 것으로 알고 있습니다.

박 교수: 그렇지요? 그것이 바로 인간이 불을 사용하게 된 시초이지요? 그 후에 여러 가지 물질을 공기 중에서 태워서 불을 얻고 이것을 우리 인간이 편리하게 이용할 줄 알게 되었던 거예요. 이러한 불을 과학적 전문용어로 '산화'에 의한 불이라고 하고, 이 불은 원시적인 1차적 불이라서 '제1의 불'이라고도 합니다.

성 양: 그러면 제2, 제3의 불도 있다는 말씀입니까?

박 교수: 그래요. '제2의 불'은 영국을 중심으로 일어난 산업혁명 때 나타나기 시작했어요. 뭐겠습니까?

성 양: 글쎄요, 잘 모르겠습니다.

박 교수: 바로 지금 우리가 편리하게 이용하고 있는 '전기'에요. 전기를 제2의 불이라고 할 수 있어요.

성 양: 그러면 교수님, '제3의 불'은 무엇을 말합니까?

박 교수: 바로 오늘 우리가 이야기할 '원자력에너지'를 일컫는답니다. 1950년대부터 개발되기 시작하여 1996년 4월, 전 세계에 416군데의 원자력발전소가 설치되어 가동되고 있으며, 우리나라도 벌써 11군데의 원자력발전소가 가동되어 많

은 전력을 공급하고 있고 5기가 더 건설 중에 있어요. 1995년 우리나라 총 전력 생산량의 36.3%를 원자력 발전이 담당하고 있는 실정이랍니다.

성 양: 그렇게나 차지합니까? 그러면 이 원자력 발전을 더욱 확대 보급시키면 에너지 자원의 공급문제가 해결되지 않겠습니까?

박 교수: 그것도 과도기적으로 한 방편은 될 수 있지만, 근본적 해결방법은 되지 못해요. 그 이유는 차차 알아보기로 하고, 여기서 우선 원자력 발전의 기본 원리부터 알기 쉽게 살펴보는 게 순서가 아닌가 생각해요.

인류 문명의 발달 과정을 살펴보면 여러 아이러니를 감지할 수 있어요. 지구상에서 큰 전쟁이 몇 번이나 있었는데, 그 전쟁이 끝난 후 얼마 동안의 기간에 늘 새로운 과학적 지식의 발전이 이루어졌고, 거기에 수반하여 인간의 문명생활이 그게 진보되어 왔던 거에요. 아주 역설적인 이야기지요?

생물학 교수로부터 이런 이야기를 들은 일이 있어요. 근년에 우리나라에 늦겨울부터 늦은 봄에 걸쳐서 산불이 많이 발생했지요? 그런데 산불이 발생한 후 몇 년이 되면 그 곳에서 풀이나 나무들이 더욱 왕성하게 성장한다는 겁니다. 이것도 역설적인 이야기겠지요?

어쨌거나 산불이 자주 발생하는 것도 우리 국민들의 의식 수준과 과학적 지식수준이 낮기 때문이라고 생각해요. 산불이 저절로 일어나는 일은 극히 드물 것이니 결국 모든 산불은 자연재해가 아니고 인재라고 봐야지요. 좀 더 불에 대한 지식을 잘 파악하고, 보다 더 주의를 기울인다면 산불은 얼마든지 막을 수 있는 문제가 아니겠어요? 아까운 삼림자원이 한순간에 대규모로 소실되는 걸 보면 정말 안타까워서, 늘 좋은 예방법이 없을까 생각해 보지만 별 뾰족한 수가 없더군요. 그 덕택(?)에 나처럼 등산을 좋아하는 선량한 많은 시민들이 그 기간에 입산 금지로 말미암아 산을 즐길 수 없으니 엉뚱한 피해를 입게 되는 셈이지요.

말이 옆길로 들어가 버렸는데, 큰 전쟁 후에 과학이 크게 발전한 사실은 조금만 생각하면 쉽게 알 수 있어요. 커다란 사실들만 몇 가지 살펴봅시다. 제1차 세계대전이 끝난 후에 통신 산업의 눈부신 발전이 있었고, 제2차 세계대전이 끝나고는 원자력 산업과 항공우주 산업의 획기적 발전이 있어서 오늘의 상태에까지 왔다고 볼 수 있겠지요.

제2차 세계대전은 원자폭탄 때문에 끝났다고 봐도 과언이 아니지요. 그런데 전쟁이 끝나고 보니까 원자폭탄은 쓸모가 없게 되었습니다. 아니 '쓸모가 없다'라는 표현보다는 그 무시무시하고 엄청난 파괴력에 넌더리를 치고, 생각하기조차 싫어졌다고 해야겠지요.

여기에서 우리 인간은 발상을 바꾸어 보는 지혜를 동원하여, 이 원자폭탄의 가공할 위력을 유익하게 평화적인 이용에 착안하게 된 겁니다. 말하자면 엄청난 파괴력을 지닌 원자에너지를 잘 구슬려서 전기에너지로 바꾸어 보자는 발상이에요. 이러한 발상을 직접 적용시켜서 현실화한 것이 바로 현재 우리가 이용하고 있는 원자력 발전이에요. 물론 현재와 같은 원자력 발전이 가능하게 되기까지는 핵물리학자들을 중심으로 전 세계의 수많은 과학자들의 많은 연구와 노력이 뒷

〈그림 4-1〉 원자의 구조. 산소원자

받침된 거지만요.

성 양: 그렇군요. 지금까지 원자력발전이 나오기까지의 역사적 배경에 대한 말씀을 자세하게 잘 들었습니다. 그런데 저는 아직 원자력이 어떻게 된 것이며, 어떻게 하여 원자에서 그만큼 방대한 에너지가 나오게 되는지 등에 대해서는 잘 알지 못하거든요. 먼저 이러한 것들에 대하여 알기 쉽게 설명해 주실 수는 없겠습니까?

박 교수: 예, 그렇게 합시다. 그것부터 먼저 설명하는 것이 순서이겠군요. 우선 원자가 어떻게 구성되어 있는지부터 살펴봅시다.

박 교수는 자료를 뒤적거리더니 한 권의 영문판 원서를 골라서 그 책의 한 면(그림 4-1)을 찾아 테이블 위에 펼쳐 보이면서 설명을 계속한다.

박 교수: 원자력에 대한 지식을 알기 이전에 먼저 이 그림에 나타낸 것과 같은 원자의 구조부터 알아보기로 해요. 우리 주변의 모든 물질을 이루고 있는 가장 작은 알갱이를 무엇이라

고 하지요?

성 양: 원자라고 배운 것 같은데요.

박 교수: 지금 원자력 이야기를 하니까 원자라고 하는 것 같은데, 틀린 말은 아니지만 그렇게 간단한 대답만으로는 부족해요.

　우리 주변의 물질들을 작게 쪼개 나가면, 우선 '분자'라는 기본 알갱이가 됩니다. 말하자면 분자는 그 물질의 특성을 지닌 가장 작은 알갱이인 셈이지요. 이 분자를 다시 쪼개면 '원자'라는 더욱 작은 알갱이가 되는 거예요. 원자로 되면 이미 그 물질의 성질과는 상관없게 되는 경우가 대부분이에요. 그러나 원자가 모여서 분자를 이루고 이러한 분자들이 아주 많이 밀집되어서 우리 주위에서 볼 수 있는 물질을 구성하게 되니까, 결국 원자가 물질을 이루는 기본 요소임에는 틀림없어요.

　지난번의 대화에서 연료전지에 대한 이야기를 할 때, 물이 전기분해 되면 산소와 수소가 나온다고 잠깐 이야기한 적이 있지요? 이러한 물을 예로 들면 우리 일상생활과도 가깝고, 또 중·고등학교의 과학시간에 가장 기초로 배운 내용이니까 이해하기가 더욱 쉽겠군요. 물의 분자식이 무엇이라고 배웠지요?

성 양: H_2O 라고 배웠습니다.

박 교수: 그래요. 우리가 늘 사용하는 물은 H_2O 라는 분자들이 엄청나게 많은 수로 밀집된 상태인 거예요. 그러니까 물의 성질을 잃지 않으면서 가장 작은 알갱이, 다시 말해서 물의 분자는 H_2O 인 것이지요.

그런데 이러한 물 분자를 외부에서 에너지를 공급하여 쪼개어 주면 각 분자 당 1개의 산소(O)와 2개의 수소(H) 원자로 나누어지는 겁니다. 산소나 수소는 이미 물의 성질과 아무런 관계가 없는 원소들이지요. 그러나 물을 이루려면 이 원소들이 반드시 필요합니다. 이렇게 원소가 되는 기본 알갱이를 원자라고 해요.

그러니까 원자는 이 세상을 이루고 있는 가장 작은 단위, 즉 물질을 그 이상 쪼갤 수 없을 만큼 최소의 알갱이라고 이전부터 생각해 왔던 거예요.

그런데 20세기 초에 들어서면서 이 원자도 다시 더 작은 다른 입자들로 구성되었다는 사실이 한 가지씩 밝혀지기 시작한 거죠. 그래서 지금은 이 그림에 나타낸 것과 같이 구성되어 있는 걸로 확인되었어요. 이 그림은 방금 예를 든 산소 원자 1개의 구성을 나타낸 겁니다.

이 그림을 보면, 원자는 중심에 원자핵이 있고 그 주위를 전자들이 돌고 있는 것을 알 수 있지요? 꼭 태양계에서 태양 주위를 지구와 같은 행성이 돌고 있는 것과 아주 비슷하지 않습니까? 원자핵을 태양으로, 전자들을 행성들로 비유할 수 있겠지요.

그런데 이 원자핵은 원자 전체의 무게를 가질 만큼 무게는 아주 크지만, 그 크기는 원자 전체 크기의 1만분의 1정도밖에 되지 않아요. 그러니까 원자 전체 크기의 반지름이 500m 정도라면, 원자핵의 반지름은 5㎝ 정도인 사과 1개쯤의 크기밖에 되지 않아요. 짐작이 됩니까?

성 양: 전체 원자의 크기에 비하여 굉장히 작군요. 그런데도 무

게는 원자핵이 전체 무게를 다 가지고 있다니 이해하기가 어렵군요.

박 교수: 좋은 점을 지적해 주었어요. 그러니까 원자핵은 원자 전체의 크기에 비하여 그 크기는 극단적으로 작은 반면에, 무게는 또 극단적으로 커서 전체의 무게를 원자핵이 가지고 있어요.

성 양: 어째서 그런 것이 가능한 건지요? 보통은 크기가 크면 무게도 무겁지 않습니까?

박 교수: 크기와 무게 사이에 얼마만큼의 차이가 있다면 이해가 되겠지만 너무나 차이가 크니까 좀 납득이 되지 않겠지요. 그러나 원자의 크기 정도의 초미시 세계에서는 우리 일상에서 늘 보는 거시세계에서 일어나는 현상들과는 전혀 다르게 엄청난 일들도 일어날 수 있는 거예요.

이러한 초미시세계를 알기 쉽게 해석하기 위하여 20세기가 시작할 즈음에 양자론이라는 학문 분야가 나타났어요. 종래의 고전 물리학으로 해석이 불가능했던 초미시 세계의 여러 가지 복잡한 물리적 현상을 이 양자론이 보완하여 완전한 해석을 가능하게 했던 겁니다. 여기서는 양자론에 대한 자세한 설명은 생략하겠습니다. 그 내용만 해도 아주 방대하니까 말이에요.

그 대신에 원자의 구조만 간략하게 다시 한 번 살펴봅시다. 다시 원자의 구조 그림을 참고해 봅시다. 이것은 산소원자로, 원소의 주기율표를 보면 원자번호 8번에 해당합니다. 그러니까 원자핵 주위를 도는 전자가 8개, 원자핵 속의 양성자가 8개지요. 전자 1개는 마이너스의 기본 전기량을, 양성자 1개는 플러스의 기본 전기량을 각각 가지고 있으므로, 이 산소원자 전체를 보면 전자가 가진 마이너스의 기본 전기량 8개와 양성자가 가진 플러스의 기본 전기량 8개가 서로 같기 때문에 서로 상쇄시켜서 보통 1개의 산소 원자가 가진 전체 전기량은 중성인거예요.

성 양: 그런데 원자핵은 그렇게 작으면서 무게는 왜 또 그렇게 무겁습니까?

박 교수: 예, 지금부터 그 이야기를 해봅시다. 원자의 기본구조를 설명하려다 그만 또 이야기의 줄거리가 약간 벗어나 버렸는데, 그렇다고 전혀 상관없는 건 아니에요.

지금 설명한 것처럼 원자는 그 중심의 아주 작은 원자핵과 그 주위에 1만 배나 더 먼 거리에서 돌고 있는 전자들로 구성되어 있는데, 그래도 전자들이 떨어져 나가지 않고 선회운동을 계속할 수 있는 것은 중심에 잘 뭉쳐져 있는 양성자들의 덩어리, 즉 원자핵 때문이에요.

원자핵 속에서 굳게 뭉쳐 있는 양성자들의 양전기의 인력 때문에 그 주위의 음전기를 가진 전자들이 속박되어 떨어져 나가지 못하고 선회운동을 계속하게 되는 거지요. 마치 태양 주위에서 행성들이 선회운동을 하는 것과 같은 이치입니다. 태양과 행성 사이에는 만유인력이 작용하여 그 선회운동이 가능하지만 전자가 원자핵 주위를 선회운동 하는데 필요한 힘은 전기력이 담당하는 거예요. 일반적으로 전기력이 만유인력보다 월등하게 큽니다.

성 양: 교수님, 원자핵에 관한 이야기와 자꾸만 거리가 있는 것 같은데요?

박 교수: 아이고 이런, 다음 이야기와 연결 지으려니 장황해지는군. 그럼 분위기 전환도 할 겸 한 가지 물어볼까요? 전기들끼리 작용하는 전기력의 기본성질을 압니까?

성 양: 글쎄요…….

박 교수: 그럼, 다른 건 그만두고 같은 종류의 전기들끼리 작용하는 힘과 다른 종류의 전기들끼리 작용하는 힘은 어떻습니까?

성 양: 아, 그 정도는 알고 있어야지요, 호호호. 같은 종류들끼리는 서로 미는 반발력, 다른 종류들끼리는 서로 당기는 인력이 작용하지요. 고등학교 때 물리선생님께서 동양사상의 음양설의 원리와 연관 지어서 설명해 주셨기 때문에 잘 기억하고 있답니다.

박 교수: 그렇다면 앞에서 설명한 원자의 구조에 대하여 좀 이상한 점을 찾아볼 수 없습니까?

성 양: 이상한 점이라? 가만 있자…… 아, 이거 말씀이시군요. 양성자들이 같은 종류의 전기임에도 불구하고 작은 크기로 아주 굳게 뭉쳐있는 점이요. 정말 왜 그렇지요?

박 교수: 바로 그거예요. 원자핵 속의 양성자들은 양전기를 가졌음에도 불구하고 서로 강하게 결합하는 인력을 가지고 있답니다.

　이 힘은 전기력으로 설명할 수 없고, 원자핵을 구성할 때 입자들끼리 상호작용하는 또 다른 새로운 힘을 생각해야 해요. 이러한 힘을 '핵력'이라고 합니다.

그러니까 핵력이 전기력보다 훨씬 커서 양성자들끼리 반발하려는 전기력을 능가하는 힘으로 중성자들과 함께 굳게 뭉치도록 해 주는 거예요. 그래서 아주 작은 원자핵을 구성한답니다. 중성자는 글자 그대로 전기를 가지고 있지 않아요.

성 양: 그러면 중성자도 양성자와 함께 굳게 결합하고 있다는 말씀입니까?

박 교수: 예, 그래요. 일본의 유카와 히데키라는 물리학자가 그 원리를 밝혀 동양인으로는 처음으로 노벨 물리학상을 수상했어요. 간단히 말하면 중간자라는 매개입자가 양성자들과 중성자들을 굳게 결합시켜 주는 매개 역할을 하여 원자핵을 단단하게 묶어 준다는 원리예요.

그러니까 우리가 사는 이 우주에는 만유인력, 전기력, 그리고 핵력이 있어서, 이 세 종류의 힘으로 모두 구성되어 있고, 그 크기도 이 순서대로 큰 힘을 지니고 있어요. 즉 핵력이 가장 큰 힘을 가지고 있지요. 핵력을 다시 약력과 강력으로 나누어, 4가지 힘으로 분류하기도 하지만, 더 이상 자세한 내용은 생략하겠습니다.

어쨌든, 원자력에너지란 이렇게 가장 큰 힘으로 결합한 원자핵의 결합에너지를 인공적으로 분해시켜서 그 에너지를 이용하자는 개념이랍니다.

성 양: 아, 예. 그래서 교수님께서 원자의 구조에 대하여 그렇게 자세하게 설명하셨군요.

그럼, 이제부터는 그러한 원자핵의 에너지를 어떻게 이용하는지에 대하여 좀 말씀해 주십시오.

박 교수: 그렇게 합시다.

그 이전에 다시 원자(원소)의 종류를 분류하여 그 원자핵의 성질을 간략하게 살펴보도록 하지요.

원자(원소)에는 양성자 1개, 전자 1개만으로 구성된 가장 가벼운 수소로부터, 양성자 92개, 전자 92개로 된 가장 무거운 우라늄까지 있어요. 물론 인공으로 만든 원자들은 더 무거운 것도 있지만, 자연 상태로 존재하는 원자 중에 가장 무거운 원자는 우라늄이랍니다.

여기서 원자핵만 생각하면, 모든 원자의 원자핵은 각기 양성자 몇 개, 중성자 몇 개로 이루어져 있는지가 정해져 있어요. 앞에서 예로 든 산소와 같이 비교적 가벼운 원자핵들은 양성자의 수와 중성자의 수가 거의 같아요. 그러나 무거워질수록 중성자의 수가 점점 많아져서 우라늄의 경우에는 양성자 92개에 중성자가 143개나 되는 것도 있고 146개나 되는 경우도 있으며 아주 드물게는 142개, 147개인 경우도 있어요.

이렇게 양성자 수는 같아서 원자번호는 똑같고, 중성자 수가 달라서 전체 핵입자(핵자)의 수(질량수)가 다른 원소들을 '동위원소'라고 해요. 그러니까 우라늄은 모두 원자번호는 92이고, 질량수는 234, 235, 238, 239와 같은 여러 가지 동위원소가 있을 수 있어요.

이러한 우라늄들 중에서 천연상태인 광물로 가장 많이 산출되는 것은 질량수가 238인 동위원소이고, 일반적인 원자로의 핵분열용 연료는 235를 주로 사용해요. 그런데 천연우라늄 속에 이 유용한 우라늄235는 0.7%밖에 포함되어 있지 않아요. 역시 세상은 그렇게 쉬운 일이 없는 모양입니다.

아무튼 이렇게 무겁게 된 원자핵은 가벼운 것보다 늘 불안정하여, 그 속이 부글부글하다가 외부에서 어떤 자극을 주거나 에너지를 가진 입자와 부닥치게 하면 깨어지면서 될 수 있는 한 가벼운 원자핵 2개로 분리하려고 한답니다. 이러한 현상을 '핵분열'이라고 해요.

반대로 수소나 헬륨과 같이 너무 가벼운 원자핵들은 서로 달라붙어서 더욱 무거운 원자핵으로 융합하려는 성질을 갖고 있어요. 이런 경우를 '핵융합'이라고 하며 우리들의 이야기의 가장 핵심 내용이 되겠는데 이것은 다음에 더욱 자세하게 설명하고, 오늘은 핵분열 쪽만 이야기할게요.

핵분열이 일어나게 되는 그 과정을 다음 그림(그림 4-2)으로 살펴봅시다.

박 교수는 아까 펼쳐 놓았던 책을 다시 뒤적이더니 또 한 면에 실린 그림을 펼쳐 놓는다.

박 교수: 이 우라늄235의 원자핵에 바깥에서 또 다른 중성자 1개가 부닥치면, 이것을 그 속에 넣고 불안정하게 되어 극히 짧은 시간 동안 스멀스멀 몸부림친 후, 그림의 오른쪽과 같이 두 조각으로 쪼개지면서 핵분열이 일어나게 된답니다.

이때, 두 개로 쪼개진 원자핵은 아까보다 더욱 가벼운 두 개의 원자핵이 되면서 보다 안정된 원자핵들로 남게 됩니다. 이 과정에서 2~3개 정도의 중성자가 밖으로 튀쳐나오고, 아주 많은 에너지가 주로 열 형태로 방출되지요. 이렇게 방출되는 에너지가 바로 원자력에너지예요.

이러한 원자핵 반응을 아무런 제한 없이 짧은 시간에 연속

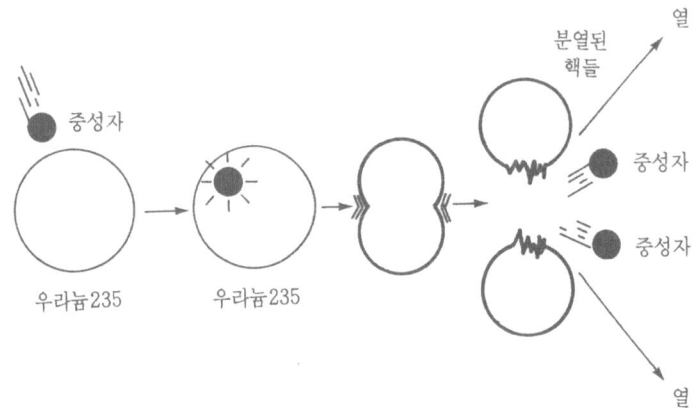

〈그림 4-2〉 핵분열의 전개과정

적으로 일으키면 각 반응마다 2~3개의 중성자가 나오고, 이것들 각각 이 다시 핵분열을 일으킬 수 있어서 핵반응이 짧은 시간에 기하급수적으로 증대되면서 엄청난 에너지를 방출하여 대단한 위력의 폭탄이 되는데, 이것이 바로 '원자폭탄'이에요.

그러나 앞에서도 지적했듯이 이 가공할 원자폭탄의 원리를 우리 인류에게 유익하도록 평화적으로 이용한 것이 원자력발전이지요. 핵분열 반응이 일시에 많이 일어나면 원자폭탄이 되지만, 이것을 적당하게 제어시켜서 일정한 에너지가 꾸준하게 나오도록 하면 우리가 유익하게 잘 이용하고 있는 원자력발전이 되는 거예요. 그런데 어째서 이렇게 큰 에너지가 나오는지 알겠어요?

성 양: 아니, 전혀 모르겠습니다.

박 교수: 아인슈타인 박사가 뛰어난 업적을 많이 남긴 인류 최고의 물리학자임은 잘 알고 있겠지요.

그 분의 여러 업적 중에 대표적인 것으로 '질량·에너지 등가 법칙'이 있어요. 이 법칙은 그의 유명한 '상대성 원리'에서 나온 법칙으로 글자 그대로 질량과 에너지를 같게 취급할 수 있고, 서로 전환이 가능하다는 내용이에요.

지금 이야기했던 핵분열 반응이 일어날 때 질량의 일부가 큰 에너지로 전환되어 방출하게 됩니다. 이때 질량은 아주 소량만 있어도 굉장히 많은 에너지가 방출되어 이들 사이에 $E=mc^2$이라는 관계가 성립해요. 여기서 E는 에너지, m은 질량, 그리고 c는 빛의 속도이니, m인 질량이 아주 소량이라도 광속 c가 1초에 3억m나 되는 굉장히 큰 양인데다 다시 그 제곱이 곱해 있기 때문에, 질량을 에너지로 환산하면 아주 큰 값이 되는 거예요.

그런데 핵분열이 일어났을 때, 분열된 핵들과 중성자들의 각 질량을 합한 총질량은 분열 이전의 총질량보다 약간 가볍게 돼요. 그 차이만큼의 질량은 어떻게 되겠어요?

성 양: 아, 그러니까 그 질량이 에너지로 된다는 말씀이시군요.

박 교수: 맞았어요, 바로 그거예요.

우라늄235가 핵분열하면 지금 말한 것처럼 '질량결손'이 생기고, 이 질량결손만큼의 질량이 에너지로 전환되어서 방대한 양의 열에너지가 방출되는 거예요.

여기서 우라늄235의 원자핵이 핵분열 할 때마다 방대한 에너지와 함께 2~3개의 중성자가 방출되므로 그냥 가만히 두면 앞에서 말했듯이 원자폭탄이 되는데, 이들 중성자 중에서 일정한 양만 다음의 핵분열 반응에 기여하도록 하고, 그 다음 단계에도 똑같은 율로 반응하도록 잘 제어시켜 주면, 일시에 폭발하는 폭탄이 되지 않고 일정한 양의 에너지를 연속적으로 내놓도록 할 수 있어요.

성 양: 그럼, 이렇게 방출하는 에너지를 어떤 장치를 이용하여 어떤 방법으로 우리들이 활용할 수 있는 건지요? 원자력발전은 대체 어떤 형태로 된 겁니까?

박 교수: 성 양의 그런 궁금증을 풀기 위하여 원자력 발전소의 개략적 얼개그림을 하나 준비했어요.

박 교수는 컬러로 된 얇은 팸플릿 하나를 찾아내어 테이블 위에 펴놓고 친절하게도 성 양 쪽이 바로 보이도록 하고서 이야기를 계속해 나간다.

박 교수: 이 그림 (그림 4-3)을 보면서 그 구성을 생각해 봅시다.
이 그림은 일본 중서부 해안에 위치한 'ㅅ원자력발전소'를 견학했을 때 얻어온 안내용 팸플릿입니다. 이 발전소는 민가와 멀리 떨어진 바닷가에 설치되어 있었고, 사방은 산으로 빙 둘러싸여 있어서 마치 병풍을 친 듯하여 아늑하다는 느낌마저 들 정도인 곳에 있었답니다.
이 그림을 크게 세 부분으로 나누어서 살펴보면 왼쪽부터 원자로부, 발전부, 그리고 변전 및 송전부로 구분할 수 있어요.
원자로부가 가장 중요한 핵심 부분으로 여기에서 핵연료인 우라늄235를 핵분열 반응시키는 거예요. 이 우라늄이 연속반응을 일으키게 하려면 적당한 양의 우라늄235가 함유된 연료가 필요한 겁니다. 그 양이 너무 많아도 폭탄이 되어 곤란

4. 제3의 불을 아세요?—원자력발전 99

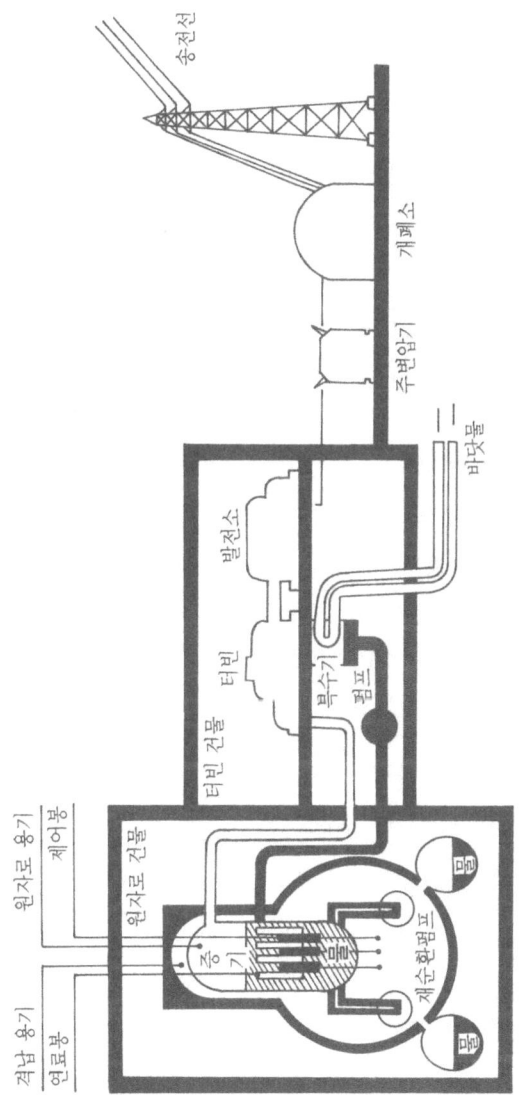

〈그림 4-3〉 원자력발전소의 구성도

하지만, 너무 적어도 연속적 반응인 '연쇄반응'을 일으킬 수 없고, 곧 꺼져 버리고 말아 역시 곤란한 거예요.

성 양: 그러면 그 양으로 어느 정도가 가장 적합한 겁니까?

박 교수: 그게 간단하게 한 마디로 말하기가 곤란해요. 핵분열 반응이 일어날 때 그 주변에 감속재나 제어재로 이용하는 물질의 종류, 방출되어 나오는 중성자의 에너지 상태, 핵분열 시 중성자 증배계수(增倍係敎) 등등 여러 가지 인자를 고려하여 계산하여야 비교적 정확하게 결정할 수가 있어요.

그러나 현재 가동되고 있는 원자력발전소에서 사용하는 핵연료는 우라늄235가 약 2~4% 정도 포함된 것을 많이 사용한답니다. 그래도 천연우라늄 광석 속에 우라늄235가 약 0.7% 포함된 것에 비하면 그 농도가 상당히 진한 것이지요. 따라서 이러한 핵연료를 '농축 우라늄'이라고 하며 인공적으로 제작하여 사용하고 있어요.

성 양: 아, 그렇군요.

그러니까 이 원자로부가 여러 장치들을 포함하고 있어서 가장 복잡한 구성을 이루고 있는 거로군요.

박 교수: 그렇답니다.

이 부분을 자세하게 설명하면 원자력발전의 기본 원리와 그 구성을 잘 알게 되겠지만, 그 양이 많기도 하고 우리의 대화의 줄거리로부터도 좀 벗어나는 내용이므로 오늘은 중요한 부분만 간단하게 언급하고 지나갈 테니까 양해해 주기 바랍니다. 만일 더 자세하게 알고 싶으면 다음에 따로 시간을 내어서 다시 한 번 찾아주면 자세하게 설명해 줄 용의가 있으니까.

성 양: 아니에요, 괜찮습니다. 제가 필요할 경우에는 부탁드리겠어요.

박 교수: 이 원자로부의 전체 규모는 건물 10층 이상이나 되는 높이의 시멘트 구조물입니다. 우리가 원자력발전소의 사진이나 실물을 볼 때, 둥근 지붕을 가지고 직사각형의 가장 높은 건물로 된 부분이 바로 이 원자로부예요.

이 구조물 속에서 길이 20m, 지름 4m나 되는 긴 타원체의 캡슐이 바로 원자로인데, 이 속은 원자로 용기, 연료봉 유닛, 제어봉, 재순환 펌프, 그리고 물과 수증기 등으로 구성되어 있답니다. 물론 이 원자로 주위는 충분하게 두꺼운 시멘트벽이나 두께가 십 수 cm나 되는 스테인리스 스틸 등으로 5중의 방벽을 설치하여 핵반응 시 방출할 방사능이나 만의 하나 예기치 못한 사고로 발생할 불상사에 대비하고 있어요.

이 원자로에 1회 장전하는 연료는 산화우라늄 가루로 만든 펠릿(pellet)을 지르카로이드라는 금속관 속에 200만 개 정도, 전체 약 15톤을 채워 넣은 것을 사용해요. 펠릿은 산화우라늄 가루를 지름 2cm, 높이 2cm인 원기둥의 정제로 압착하여 구워내는데, 깨끗한 다갈색이라 얼른 보면 먹음직한 초콜릿 과자 같아요.

제어봉은 원자로에서 일어나는 핵반응을 적절하게 조절해 주는 역할을 해요. 제어봉 속에는 핵반응 시 방출하는 중성자를 잘 먹어치우는 붕소 등의 물질이 들어 있어서 핵반응이 적절하게 일어나게 제어시켜 줄 수 있는 거예요.

그 다음으로 물의 역할을 알아봅시다. 원자로 속에서 물은 아주 중요한 두 가지 역할을 하게 돼요. '감속재'와 '냉각재' 역할입니다.

원자로 속에서 우라늄235를 핵분열 시킬 때 입사하는 중성자는 빠른 것보다 느린중성자가 좋아요. 이 사실은 상식에 비추어 볼 때 좀 의외라는 느낌이 들지 모르겠지만, 원자로에서 중성자가 원자핵을 분열시킬 때 원자핵을 두들겨 깨기보다 원자핵들 주위에서 어정거리다가 충돌할 기회를 많게 해주는 것이 더 요구된다고 생각하면 이해가 빠를 겁니다. 그래서 이 느린중성자를 '열중성자'라고 부르기도 합니다. 입자들의 열운동 속도 정도의 느린 속도의 중성자란 뜻이죠. 아무튼 이런 느린중성자를 만들기 위하여 물이 감속재로 이용됩니다.

원자로 속에서 물의 역할의 또 한 가지는 냉각재로 이용되는 것입니다. 핵분열이 연쇄반응으로 일어나면 원자로 속의 온도가 자꾸만 올라가게 되겠지요? 이 경우에 연료 펠릿의 중심온도는 2,000℃ 정도, 그 표면온도는 600℃ 정도, 그리고 연료봉의 내면과 표면의 온도가 각각 400℃와 300℃ 정도가 됩니다. 이와 같이 높은 온도의 열을 물로 식혀야 합니다. 거기에다 열을 받은 물이 끓어서 수증기로 되면 이것이 발전기를 회전시켜서 전력을 생산하기도 하지요.

이와 같이 원자로 속의 물이 두 가지 역할을 동시에 수행하므로 이러한 원자로를 '경수감속냉각형로' 또는 간단하게 '경수로'라고 합니다.

성 양: 그러니까 지금 한반도에너지개발기구(KEDO)가 한국전력을 주회사로 하여 북한에 공급하려고 추진 중인 '경수로'라

고 하는 시설이 바로 이러한 원자로를 말합니까?

박 교수: 그래요. 바로 그러한 것을 일컫는 거예요.

성 양: 그러면 교수님, KEDO가 북한에 건설하려는 원자로를 꼭 경수로로 할 것을 고집하는 이유가 어디에 있습니까? 북한이 이전에 경수로와 반대 개념의 위험한 원자력발전소를 건설하려고 하다가 국제사회로부터 제동을 받은 적이 있습니다만.

박 교수: 예 맞아요. 그게 사실입니다.

북한이 건설하려다 국제연합(UN)으로부터 제재를 받고 건설을 포기한 원자로는 '흑연감속로'라고 알고 있습니다. 더 정확하게는 '흑연감속탄산가스냉각형로'라는 긴 이름이지요. 글자 그대로 중성자의 속력을 감속시키는 감속재는 흑연이, 원자로를 냉각시켜 열을 뽑아내는 매체는 탄산가스가 담당하는 원자로랍니다.

이 흑연감속로를 사용하면 이미 반응한 핵연료를 다시 한 번 처리하여 원자폭탄의 원료인 플루토늄을 생산하기가 쉬워요. 제2차 세계대전 말기에 일본의 나가사키에 투하되었던 원자폭탄의 원료가 바로 이 플루토늄이었답니다. 그러니 나쁜 생각만 가지면 이 흑연감속로로부터 원자폭탄의 원료를 언제든지 제조할 수 있는 가능성이 있다는 거지요.

이와 같이 이미 사용한 핵연료를 재처리하여 이용할 만한 플루토늄을 생산하는 데 있어서 경수로는 어렵고, 흑연감속로나 중수로라야만 가능한 겁니다. 말하자면, 경수로에서는 가벼운 물로도 충분하게 감속될 정도의 느린중성자가 핵반응에 관여하지만, 중수로나 흑연감속로에서는 훨씬 무거운 물이나 재료로 감속시켜야만 될 정도의 빠른중성자들이 관여하기 때문에 이것들이 플루토늄을 진하게 생산할 수 있다는 겁니다.

그러니 국제연합 기구의 하나인 국제원자력국(IAEA)을 중심으로 전 세계가 북한이 이전에 시도한 흑연감속로 또는 중수로 건설을 못하도록 극력 반대했던 거지요.

성 양: 아 예, 이제 좀 이해가 됩니다.

그러니까 경수로는 가벼운 물을 사용하고 중수로는 무거운 물을 사용한다는 뜻이군요. 결국 경수로의 반대말에 해당하는 중수로도 있긴 있군요.

박 교수: 있어요. 이 중수로는 새로 개발된 원자로이므로 '신형전환로'라고도 해요. 여기서 전환이라는 말은 천연우라늄 속의 우라늄238을 플루토늄239로 바꾼다는 뜻인데, 그 전환율이 70% 정도나 됩니다. 그러므로 이 장치는 경수로와 다음에 등장할 고속증식로를 연결시켜 줄 중간 단계의 원자로로 볼 수도 있어요.

성 양: 그럼 이 중수로는 그 구성이나 원리가 경수로와 많이 다른가요?

박 교수: 아니, 그렇지 않아요. 경수로에다 약간 보완한 장치라고 보면 됩니다.

이 경수로(그림 4-3)에서 연료봉이 잠겨 있는 물이 들어 있는 부분을 이중으로 설치하여, 냉각용 보통 물은 내부관을 통과하도록 하고, 이 경수가 통하는 내부관이 다시 중수가 담긴 바깥 용기에 들어 있어서 중수가 감속재 역할을 하게 한 점만 다르다고 보면 돼요. 그래서 이 '신형전환로'의 정확한 이름은 '중수감속·비등경수냉각형로'라는 긴 이름이 붙게 됩니다.

성 양: 보통은 그렇게 긴 이름을 그냥 간단하게 중수로라고 부르는군요.

박 교수: 그렇습니다.

이 중수로의 큰 장점은 우라늄238을 그대로 핵연료로 사용하기 때문에 원료가 풍부하다는 사실입니다. 반면에 경수로는 우라늄235를 농축시켜 연료로 사용하므로 그 원료가 훨씬 적지요.

게다가 그 농축 우라늄의 제조공급도 미국을 비롯한 몇 나라가 독점하고 있으며, 이러한 핵연료 제조문제는 미묘한 국제정치적 역학관계가 얽혀 있어서 복잡한 문제라는 건 잘 알려진 사실 아니에요?

성 양: 예, 그 문제라면 정말 복잡할 거라는 것이 어렴풋이 느껴지네요.

그건 그렇고, 원자력발전소에서 원자로 부분 이외의 다른 곳은 무슨 역할을 하게 됩니까?

박 교수: 아, 그림의 오른쪽 부분을 말하는군요.

이 부분들은 수력이나 화력 발전소와 마찬가지 설비인 발전부와 송전부예요. 결국 에너지를 생산(전환)하는 동력의 종류가 원자핵반응에너지를 이용했느냐 물의 위치에너지 차이나 열에너지를 이용했느냐에 따라서 원자력발전, 수력발전 및 화력발전으로 구분할 수 있겠지만, 결국에는 전기에너지를 생산(전환)하게 되는 점은 똑같아요. 그래서 이 부분들은 발전소에서는 어떤 종류에서나 공통적으로 있어야 할 발전부와 송전부를 나타내는 거예요.

　전기를 생산해서 먼 곳에 있는 수용가에게 보내 주게 되는 거랍니다.

밤이 깊어 가는가 보다. 창밖으로 내려다보이는 야경이 아름답다 못해 환상적이다. 새까만 바탕에 가까운 도로변을 따라 가로등이 점점이 박혀 있고, 그것이 저 아래 호숫가에까지 연결되어 군데군데 불을 밝히고 있다. 그 불빛들이 살랑거리는 바람을 따라 나뭇잎 사이로 숨바꼭질 하면서 명멸하고 있다. 호수 위 수면에는 시내 쪽에서 비춰오는 도심의 야경이 반사되어 긴 꼬리를 혜성같이 드리우고 있고, 그 뒤로 도심의 네온사인과 형형색색의 빛들이 저마다 뽐내며 찬란하게 반짝이고 있다. 저 멀리 이 도시를 분지로 둘러싸고 있는 산자락은 기다란 괴물이 누워 있는 형상으로 어슴푸레하게 실루엣만 나타나고 있다.

　박 교수는 밤도 깊어가고 성 양뿐 아니라 이제 자신도 귀가하여 쉬고 싶은 마음이 생기므로, 이야기를 빨리 끝내야겠다고 생각하며 물을 한 모금 마신 후에 이야기를 계속한다.

박 교수: 아까 내 이야기 중에 또 다른 종류의 원자로 한 가지를 얼핏 말했는데 기억이 납니까?

성 양: 예, 아까 무언가 한 가지 더 말씀하신 것 같은데…….

박 교수: 바로 '고속증식로'라는 겁니다.

이 고속증식로를 '마법의 원자로' 또는 '꿈의 원자로'라고 해요. 이 원자로는 천연 우라늄 중에 99.3%나 차지하는 우라늄238을 그대로 연료로 사용할 수 있기 때문에 천연 우라늄을 모두 이용할 수 있는 큰 장점을 가지고 있어요. 우라늄 자원을 모두 이용할 수 있어서 에너지 자원을 훨씬 더 늘릴 수 있으므로 이러한 이름들이 붙게 된 것이지요.

이 고속증식로에 대한 원리와 필요성 등에 관한 내용을 간단하게 살펴봅시다.

이 고속증식로는 빠른중성자를 핵반응에 이용하기 때문에 '고속'이라는 말이 붙습니다. 우라늄 원자의 반응마다 방출되는 2~3개의 중성자 중에서 1개씩은 핵연료인 플루토늄239에 충돌하여 핵분열을 일으키면서 에너지를 만들어 내고, 나머지 1~2개는 천연 우라늄인 우라늄238과 반응하여 플루토늄239를 생산하게 된답니다. 이렇게 핵연료를 자꾸만 증산시키면서 핵반응을 계속하기 때문에 '증식'이라는 말이 붙게 된 거지요. 말하자면, 같은 원자로 속에서 에너지와 연료를 동시에 생산할 수 있어서 일석이조의 효과를 얻을 수 있는 거예요. 그래서 꿈의 원자로, 또는 마법의 원자로라고 하는 거지요.

성 양: 어머, 그럼 이러한 고속증식로를 많이 설치하여 활용하면 에너지 자원 문제는 한결 쉽게 해소가 되겠네요.

박 교수: 그게 그렇게 달콤하지만은 않아요. 이 세상의 모든 것들은 좋은 쪽이 있으면 나쁜 쪽도 수반하게 되는 것이 대부분이지요.

1996년 2월경인가? 일본에서 '몬쥬'라는 고속증식로를 처음으로 가동시키다가 며칠 안 되서 중단시킨 사실을 보도한 일이 있는데 기억합니까?

성 양: 그 때만 해도 이 에너지 자원 문제라든가, 원자로 등에 관한 기사는 저의 관심 밖이었으므로 건성으로 봤을 겁니다. 잘 기억나지 않습니다.

박 교수: 그럴 겁니다. 보통 일반인들은 이런 문제들은 고도의 과학적 지식이 필요한 분야로 여기면서 아예 접근해 보지도 않고 외면해 버리기 십상이니까요.

아무튼, 이 고속증식로는 앞에서 말한 것처럼 꿈의 원자로 라고 부르지만, 아직은 상업용으로 실용화시키기에는 위험성과 안전 문제가 제기되고 있어요. 핵연료인 플루토늄239가 480g 이상이 되면 자연 연쇄반응을 일으켜 폭발하게 되어 원자폭탄이 되는 거예요. 일본 나가사키에 투하했던 원자폭탄의 원료가 바로 플루토늄239였지요. 그러니 자칫하면 원자폭탄이 될 염려가 있어요.

또 한 가지 문제점으로, 냉각재로 사용하는 액체 나트륨의 취급이 아주 까다로워요. 재래식 원자로에서 열에너지를 추출하기 위하여 냉각재로 물을 주로 사용하는 대신에, 이 고속증식로는 가열된 액체 나트륨을 사용하는데, 이것은 공기와 접촉하면 급격히 타고, 물과 섞이면 불꽃을 튀기면서 폭발적 반응을 일으킨답니다. 이 나트륨을 핵반응으로 뜨겁게 달군 후 물을 끓여서 터빈을 돌려야 하는데, 그 장치와 과정이 무척 까다롭답니다.

이와 같은 미지의 기술적 난관을 해결해야 하고, 기타 재래식 원자로에서 일어날 수 있는 안전 문제, 방사선 누출 문제,

그리고 쓰고 남은 핵연료인 '죽음의 재' 처리 문제 등을 안고 있기 때문에 아직 실용화에는 주저하고 있는 실정이에요.

성 양: 아, 예. 이 세상에서 쉽게 얻을 수 있는 게 없다는 교훈을 여기서도 받게 되는군요.

그런데 교수님, 방금 말씀하신 이러한 여러 문제점을 안고 있는 원자력발전소를 왜 세계 각 나라들이 경쟁적으로 건설하는지요? 그리고 자꾸 설치해도 괜찮은 건지요? 10여 년 전에 소연방의 체르노빌에서 원자력발전소의 대형사고가 있었는데도 말입니다. 또 왜 그런 사고가 일어났으며 앞으로 다른 원자력발전소에서 또 다른 사고가 일어나지 않는다는 보장은 있는 건지요?

박 교수: 아이고 한꺼번에 많은 질문을 하니 머리가 어지럽군. 한 가지씩 살펴봅시다.

우선 이러한 원자력발전소가 위험한 혐오시설임에도 불구하고 왜 자꾸만 설치하려고 하는지는 조금만 생각하면 곧 그 해답이 나올 겁니다. 지난 번 내 연구실에서 만났을 때, 미래 우리 인류의 에너지 수급 전망을 살펴본 일이 있었지요. 그 때도 말했지만, 지금부터 에너지의 수요가 공급을 앞지르기 시작하여 앞으로 약 50년 동안은 그 격차가 점점 커질 것이 틀림없습니다. 이 동안에 생길 에너지 수급의 격차를 이 원자력발전이 담당하도록 할 수밖에 없어요. 필요악이라고나 할까요, 싫지만 어쩔 수 없이 반드시 받아들여야 할 입장입니다.

그 다음으로, 원자력발전소를 더욱 증설하는 것도 같은 맥락으로 설명할 수 있어요. 에너지 수급의 격차가 자꾸만 벌어지니 거기에 맞도록 공급하려면 증설할 수밖에 없겠지요.

성 양: 그러면 교수님, 앞으로 50년 정도 지나면 에너지 수급의 격차가 더욱더 커질 텐데 그 때는 어떻게 합니까?

박 교수: 그 때쯤 바로 꿈의 에너지 핵융합발전이 개발되어 실용화될 것으로 전망하고 있기 때문에, 에너지 문제는 말끔히 해결될 것으로 봐요. 그러니 지금 가동되고 있거나 더 증설될 원자력발전소들은 재래식 화석연료에 의한 에너지 공급에서 핵융합발전이 출현되기 이전까지의 과도기적 공급의 공백을 메워 줄 역할을 한다고 보면 되겠어요.

성 양: 핵융합에 대한 호기심과 궁금증이 더욱 커지는군요.

박 교수: 예, 그럴 거예요. 다음에 만날 때부터 이야기를 풀어 볼까 해요.

성 양: 잘 부탁드리겠습니다. 그건 그렇고, 원자력발전에서 일어날 사고와 그 대책 등에 대해서도 마저 부탁드리겠습니다.

박 교수: 예, 그렇게 합시다. 이제 밤도 늦었으니 빨리 마무리하고 귀가해야겠군요.

원자력 발전에서 일어날 부정적 요인들은 크게 3가지로 나눌 수 있어요. 원자로의 노심에서 발생할 안전 문제, 핵연료 자체의 핵반응의 제어 문제, 그리고 다 쓴 핵연료의 처리 문제 등이 그것이에요.

원자로의 노심에 설치한 연료봉에서 문제가 발생하는 경우가 가끔 있어요. 핵반응이 연쇄적으로 일어나면서 많은 열에너지를 방출하니까 아무리 제어를 잘 시켜도 평형상태를 유지시키기가 어려워서 아주 드물게 연료봉의 관이 깨지거나 녹아 버리는 경우가 있어요. 이렇게 되면 연료가 노출되면서 원래의 설계나 설치와는 다른 엉뚱한 반응이 증대되면서 체르노빌 사고와 같은 큰 사고가 되지요. 그리고 제어봉이나 감속재가 제 역할을 잘못해도 이런 현상이 일어날 수 있어요.

다음으로 핵연료 자체의 핵반응의 조절 문제인데, 이것은 고속 증식로가 가장 관심의 대상이 됩니다. 플루토늄을 연료로 하는 원자로는 플루토늄의 생산이나 증식이 자칫 잘못 이루어지면 폭탄으로 될 위험성이 있기 때문에, 이 문제를 아주 조심스럽게 다루어야 할 겁니다. 1986년에 일어난 체르노빌 원자력발전소의 대형사고도 이러한 플루토늄의 증산에 대한 조절이 잘못되어서 일어난 사고의 대표적인 예지요. 그리고 이 사고는 원자로의 설계나 건설에 있어서 처음부터 안전설계에 근본적인 결함을 내포했던 부실 시설이었고, 장시간 운전 시 지켜야 할 안전규칙마저 위반한 총체적 결함에 의한 사고였던 겁니다.

마지막으로, '죽음의 재'라고 부르는 방사성 폐기물의 처리가 큰 골치랍니다. 원자력발전소에서 핵연료로 다 쓰고 남은 후에도, 그 속에는 강력한 방사능을 지닌 원소들인 세슘137, 스트론튬90, 세륨144, 크립톤85, 우라늄235, 플루토늄239 등이 포함되어 있어요. 이것들이 방출하는 강한 방사선들은 인체나 생물에 치명적이거나 큰 해를 끼치게 되므로 이것을 '죽음의 재'라고 부르지요. 이 방사능은 제거시킬 방안이 없고, 대개 수명이 아주 길며, 이 중에서 우라늄이나 플루토늄과 같은 일부의 핵은 재처리하여 핵무기 제작에 이용할 수도 있으니 이거야말로 설상가상이 아니겠습니까?

아무튼 전 세계의 원자력발전소에서 제각각 사용하고 남은 방사성 폐기물은 잘 처리할 뚜렷한 묘안이 없어서, 두꺼운 콘크리트 벽으로 구축한 격납고에다 자꾸 모아두는 수밖에 없어요. 지금 이 순간에도 자꾸만 쌓이고 있을 거예요. 그래서 세계 각국은 이것들을 저장시킬 시설들을 건설하느라 야단들이고, 우리나라도 수년 전 서해 안면도에 이 시설을 설치하려다가 주민들의 거센 반대에 부딪쳐 아직도 핵폐기물처리장을 결정하지 못하고, 그 안이 공중에 떠있는 입장 아닙니까?

글쎄, 서로가 한발씩 양보하여 정부는 확실하고 견고한 안전시설과 생계를 보장해 주고, 주민들은 정부를 믿고 국가적 에너지 공급정책에 협조해 주면 좋으련만, 좀처럼 잘 해결되지 않는 것 같군요.

성 양: 이 모두가 불신 때문이 아니겠어요?

박 교수: 동감입니다. 과거부터 정부와 국민 사이에 신뢰만 잘 쌓아져 왔다면 이 문제는 훨씬 쉽게 풀릴 수 있는 거라고 확신해요. 아무리 방사성 원소라고 하지만, 다 쓴 후의 폐기물이니까 완벽한 시설 속에 가만히 잘 보관해 두면 아무 일 없거든요. 그저 안타까울 뿐입니다.

자, 이쯤해서 오늘 이야기는 마무리하는 게 어떨까요. 이야기 속에 부족한 부분도 많았는데, 여건상 할 수 없군요. 양해해요.

성 양: 아니에요, 교수님. 정말 유익한 말씀을 이렇게 자주 들려주셔서 대단히 감사합니다.

두 사람은 커피숍을 나섰다. 10시 반이 넘어 있었다. 어디에선가 시원한 바람이 살갗을 기분 좋게 스치고 지나간다. 이곳만 해도 변두리의 산 아래인지라 밤 풀벌레 소리가 요란하고, 그 중에는 벌써 귀뚜라미 소리도 섞여 있다. 하늘을 올려다보니 시내와는 달리 별들이 제법 또렷하게 깜빡이고 있다.

박 교수는 사양하는 성 양을 자신의 승용차에 태워 약간 돌아가지만 집 앞까지 데려다 준 후, 귀가를 서두른다. 차 라디오에서는 팻분의 솜사탕 같은 목소리로 '모래 위에 쓴 사랑의 편지'가 나지막이 흘러나온다.

5
제4의 불, 핵융합은 이렇게 켜집니다

 오늘로 박 교수와 성 양 사이의 대화가 닷새째다. 성 양이 박 교수를 처음 찾아가 '꿈의 에너지, 핵융합'이 무엇인지 간단하게 알아보려고 시도했던 것이 그렇게 간단한 것이 아니라서 오늘까지 대화를 끌고 와도 아직 본론으로 들어가지 못하고 있다.
 그래도 에너지가 무엇이며, 현존하는 에너지 자원과 새 에너지 자원의 개발 현황, 그리고 원자력발전 등에 관한 구체적 사실들을 잘 알게 되어서, 이제는 에너지 전반에 대한 예비지식을 충분하게 습득하게 되었다.
 성 양은 오늘의 대화에서부터 드디어 핵융합에 관한 내용이 등장할 것으로 기대하면서 박 교수를 방문하였다. 박 교수는 여전히 작달막한 체구에 반백의 머리카락을 잘 정돈하고 평소처럼 조용한 미소로 성 양을 맞아 주었다.
 박 교수의 연구실은 닷새 전이나 지금이나 별로 달라진 게 없다. 남쪽으로 난 창 너머로 느티나무 숲과 그 뒤로 키다리 미루나무 숲의 배경을 다시 보게 된다. 단지 달라진 게 있다면 매미소리가 한결 줄어들었다는 사실이다. 6교시가 끝난 후인지라 숲 위를 내리쬐는 햇볕들이 약간 비스듬하게 들어오고 있음을 볼 수 있다.
 박 교수는 성 양에게 자리를 권한 후, 자신도 맞은 편 자리에 앉으며 대화를 시작한다.
 박 교수: 성 양은 지난번까지 내 이야기를 듣고 다소 유익했

다고 생각합니까? 별로 도움이 되지 못했다면 앞으로 더 이 야기해 봤자 시간낭비만 할 테니까 이쯤해서 그만둘 수도 있 어요. 허허허.

성 양: 아, 아니에요. 무슨 말씀을 하십니까? 저에게는 지금까 지 경험하지 못한 정말 좋은 시간들이었고 아주 유익한 지식 들을 많이 얻었습니다.

교수님께서 시간을 많이 빼앗기고, 귀찮다고 생각하신다면 할 수 없겠지만, 그렇지 않으시다면 끝까지 잘 부탁드립니다.

'꿈의 에너지, 핵융합'에 대한 말씀은 아직 시작하지도 않 으셨는데 그만두신다면 어떡해요? 교수님께서 괜히 저를 놀 리려고 그러시는 거죠? 호호호.

박 교수: 그 정도의 열의가 있다면 됐어요. 재미없는 이야기를 무작정 하지 않았나 하여 염려가 되어 한 번 떠봤을 뿐이에 요. 그럼 이제부터 핵융합에 대한 이야기를 시작해 볼까요?

성 양: 이제 드디어 본론이 시작되는가 보군요. 기대가 됩니다.

박 교수: 보자, 무엇부터 먼저 시작할까? 그렇지, 핵융합이 무 엇 때문에 있어야 하는지 그 불가피성부터 우선 생각해 보는 것이 순서이겠군요.

지난 시간에는 제3의 불인 '원자력 발전'에 대한 모든 내 용을 자세하게 살펴보았고, 그 앞 시간에는 '새 에너지 자원' 의 여러 종류와 그 장단점들을 거의 모두 알아보았지요?

이러한 새 에너지들도 우리 인류의 미래의 에너지 문제를 궁극적으로 해결할 수는 없는 것들이에요. 앞에서도 이야기 한 것처럼, 이것들은 지구상에서 지역적으로 편재되어 있거나 공해를 많이 배출하거나 안전성에 보장이 없는 것들이 많고, 그 무엇보다도 에너지 자원의 절대량이 많이 부족합니다.

앞으로 당분간 지구상의 우리 인류가 사용할 에너지 수요를 매년 평균 1Q 정도라고 봤을 때, 화석연료나 우라늄광석과 같은 지하자원의 매장량으로는 넉넉잡아 70년 정도 사용할 수 있고, 새 에너지 자원을 합친다고 해도 80년을 버티기가 힘든 상태예요.

게다가 앞으로 문명이 점점 더 발전해감에 따라서 1년 간 사용하는 에너지 수요도 1Q보다 훨씬 넘을 게 틀림없어요. 그러면 현존하는 에너지 자원 모두가 고갈될 시기가 훨씬 앞당겨져 50년이나 30년 정도밖에 되지 않을 수도 있겠지요? 전번에 이야기 했던 에너지 수급관계를 연도별로 나타낸 〈그림 2-3〉을 참고해 보면 그 심각성을 한층 더 잘 알 수 있을 거예요.

여기에서 우리 인류는 에너지 문제에 대한 발상의 대전환을 가져야 할 때가 됐다고 보고 있어요. 이 발상은 바로 태양에서 일어나고 있는 반응 그 자체를 지구 위에서 직접 일으켜 그 에너지를 이용함으로써 에너지 문제를 근본적으로 해결해 보자는 개념이랍니다. 쉽게 말해서 지구 위에 작은 태양을 군데군데 여러 곳에 만들어 놓고 그 에너지를 직접 뽑아 쓰자는 발상인 거지요.

따지고 보면 화석연료를 비롯하여 현재 지구상에 존재하는 모든 에너지 자원들은 결국 태양에너지의 간접 에너지에 불과합니다. 화석연료를 이야기할 때 언급했지만, 그것들 모두가 먼 옛날에 지구상에서 태양에너지를 받고 생명을 유지하던 동식물들이 긴 시간 매몰된 후 채굴되어 나오는 것들이지요. 기타 새 자원이라고 할 태양에너지, 조력에너지, 수온차에너지, 파력에너지, 풍력에너지 등도 모두 잘 생각해 보세요. 결국은 태양으로부터 온 에너지의 간접적 이용에 불과하지 않습니까? 지열에너지나 원자력에너지도 결국 태양의 행성에 불과한 지구 내부의 자원을 이용하는 거니까 태양에너지의 간접 이용에 불과하지요.

그러니까 지금 지구 위에 공급되는 모든 자연적 에너지는 멀리 태양으로부터 날아 온 것들이라는 것을 쉽게 알 수 있지 않습니까? 그래서 이러한 태양(물론 소형이지만)을 직접 우리 곁에다 여러 개 제작 설치하여 거기에서 방출되는 에너지를 바로 이용해 보자는 대담하고도 획기적인 발상이지요.

성 양: 지구 위에 태양을 직접 만들어 이용한다? 정말 대단한 발상이군요.

그렇지만 아직 저에게는 전혀 감이 잡히지 않는군요. 지구 상에 태양이 어떤 원리로 설치 가능하며, 그 구조는 어떻게 생겼고, 또 그 연료는 어떤 것이 이용되는지 등등 궁금한 점이 한두 가지가 아닙니다.

박 교수: 한두 가지가 다 뭐예요. 이제 지금부터 시작인데, 모르는 것이 당연하겠지요. 그렇다고 우물에서 숭늉을 찾아서야 되겠습니까? 하하하.

자, 그럼 지금부터 한 가지씩 차근차근 짚어 나갑시다. 오늘은 그 중에서 핵융합반응의 조건만 알아보도록 하죠.

박 교수는 책상 위의 책꽂이에서 문고판 책을 한 권 뽑아내어 탁자 위에 놓는다. 일본의 한 출판사에서 자연과학의 각 분야를 일반교양 수준으로 문고판 시리즈로 출간하고 있는데, 이것들의 일부를 국내의 한 과학전문 출판사(전파과학사)에서 번역판으로 내고 있는 중이다.

박 교수가 뽑아온 이 책도 그 중의 한 권으로, 『플라스마의 세계』라는 제목이 붙어 있다. 이 책은 박 교수 자신의 전공분야이기도 할 뿐만 아니라, 국내 독자들이 이 분야에 대하여 접할 기회가 없음을 안타깝게 생각하여 6년 전에 직접 번역한 책이다. 책의 제3장을 열고 태양의 구조부터 설명하기 시작한다.

박 교수: 주변의 모든 사물들이 순수하게 자연 상태에 있었던 원시 시대 사람들이 태양을 봤을 때의 느낌은 어떠했겠어요?

성 양: 글쎄요, 아마 대단한 외경의 대상이었겠지요. 온 세상을 엄청나게 밝혀주는 대단한 위력을 가진 태양, 게다가 따뜻한 열까지 어디나 골고루 쏟아 부어 주는 힘에 그저 감탄했을 따름이었겠지요.

박 교수: 그래요. 잘 말해 주었어요. 그러니 원시시대부터 태양을 숭배해 왔던 원시종교의 흔적이 군데군데에서 나타나고, 고대 이집트나 그리스 시대에도 태양을 숭앙했던 유물이나 헬리오스 같은 신들이 등장하고 있지 않아요?

사실 생각해 보면 그들은 태양에 대하여 얼마나 감사했고 얼마나 두려운 감정을 가졌겠습니까? 밤의 어두움과 추위를 쫓아내어 밝고 따뜻함을 선사하고, 풀이나 나무를 성장하게 하여 먹을 것을 제공하며, 인간을 비롯하여 모든 동물들도 잘 자라게 하여 서로의 먹이사슬을 얽어가게 하니 말예요.

그러다가 차츰 세월이 흘러가면서 인간들은 태양을 단순하게 외경의 대상으로만 보지 않고 호기심의 대상으로 보기 시작하면서 태양에 대한 여러 가지 의문점을 품기 시작했어요. 왜 태양은 규칙적으로 아침에 동쪽에서 솟아올라 저녁이면 서쪽으로 숨어드는지에 대한 의문에서부터, 저처럼 강력한 빛과 열을 방출하는 근원은 무엇일까 하는 의문에 이르기까지 말입니다.

이러한 의문들이 역사의 발전과 함께 한 가지씩 그 베일을 벗기 시작한 거죠. 태양에 대한 연구를 처음 시작한 것은 1611년에 망원경이 처음 발견되고부터입니다. 이 망원경으로 태양의 표면을 관찰하기 시작한 후 약 200년 동안, 태양의 관측에 대한 연구는 관측방법이나 기초이론의 진보와 병행하여 점진적으로 발전해 왔어요. 그 다음 1816년에 이르러 '프라운호퍼'라는 광학연구자가 분광기를 이용하여 태양의 관측을 본격적으로 시행하고, 또한 그 때 마침 활발했던 원자물리학의 진보와 더불어 태양에 대한 여러 가지 물리적 성질이 밝혀지게 되면서 획기적인 진전을 이룩하게 된 거랍니다.

더욱이 제2차 세계대전 후에는 태양전파의 관측이 시작되었고, 최근에는 로켓이나 인공위성의 발사에 힘입어 태양의 새로운 각종 성질이 관측되면서 이론의 발전과 더불어 그 연구에 약진을 거듭해 오고 있어요. 그 결과 지금은 태양의 정체가 거의 대부분 밝혀진 상태에 있어요. 그래서 오늘날 실내에서조차 소태양, 즉 핵융합장치까지 개발하려고 노력하고 있지 않아요?

성 양: 참, 교수님, 교수님께서 그런 말씀하시니까 비로소 생각

이 납니다만, 우리들이 늘 그 고마움을 모르고 예사로 보아 온 이 태양은 대체 무엇으로 어떻게 구성되어 있기에 저렇게 밝은 빛과 뜨거운 열을 방출하면서도 둥그런 모양을 언제나 일정하게 유지하고 있는 거예요?

박 교수: 성 양이 또 한 가지 좋은 깨달음을 하게 되는군요.

그래요. 우리 주변에서 항상 우리에게 조용하게 큰 고마움을 제공하는 것들이 더러 있지요. 예를 들면, 공기나 물이나 태양이 그 대표적 자연의 혜택이라고 볼 수 있겠지요. 이것들은 항상 우리 곁에 존재하면서 우리가 생존해 가는데 필수 불가결한 요소들인데도 떠들썩하지 않고 조용하게 우리에게 큰 은혜를 베풀고 있지 않습니까? 마치 훌륭하신 우리 부모님들의 하해와 같은 사랑, 즉 아가페 사랑에 비유가 될지 모르겠습니다만.

어쨌든 이처럼 우리들에게 늘 큰 은혜를 베풀고 있는 태양의 개략적 구소는 이 그림(그림 5-1)처럼 되어 있어요.

하면서 박 교수는 아까 뽑아온 『플라스마의 세계』라는 책의 113쪽을 펴 보이면서 설명을 계속해 나간다.

박 교수: 태양은 우리가 육안으로 얼핏 봐도 그렇지만, 이 그림으로 봐도 둥글게 되어 있지요? 그럼 이 둥근 태양은 무슨 물질로 구성되어 있다고 생각합니까?

성 양: 글쎄요. 일단 둥근 모양을 유지하고 있으니까 지구나 다른 행성들처럼 단단한 고체나, 마그마처럼 용융된 액체들로 구성된 것이 아닐까요? 잘 모르겠습니다만……

박 교수: 바로 그 점이 모두들 직관적으로 판단함에 있어서

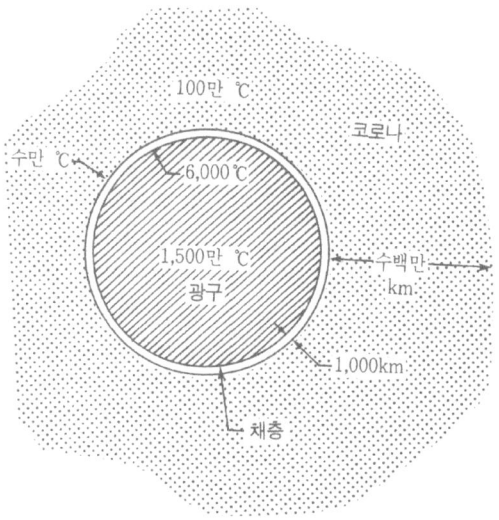

〈그림 5-1〉 태양의 개략적 구조

일어날 수 있는 오류의 한 예시가 되는 거예요. 자연과학의 연구나 관찰에 있어서 이러한 직관적 오류가 나타나는 경우가 자주 있으므로, 늘 유의하지 않으면 곤란하게 될 경우가 더러 있어요. 이런 것을 과학교육학 전문용어로 '오개념'이라고도 한답니다.

아무튼, 태양은 고체나 액체로 되어 있지 않고, 오히려 기체에 가까운 '플라스마'라고 하는 전리된 기체의 집합체로, 공 모양의 덩어리를 유지하고 있어요. 플라스마에 대한 이야기는 다음 시간에 더욱 자세하게 설명하도록 할게요.

그런데 기체 상태인 플라스마로 이루어진 태양이 어떻게 저토록 또렷하게 공 모양의 형태로 뭉쳐질 수 있는지 의문이 생기지 않습니까?

성 양: 그렇지 않아도 지금 그 부분을 여쭈어 보려던 참이에요. 왜 그런 것이 가능한지요? 보통 우리 지구 위에서 기체들은 특별한 용기에 밀봉해 넣지 않는 한, 공간에 그냥 두면 금방 흩어져서 도망가 버리지, 덩어리로 뭉쳐지지는 않지 않습니까?

박 교수: 그렇지요?

기체는 쉽게 흩어져 도망가 버리지요? 이런 현상을 물리학 용어로 '분산'이라고 합니다만, 기체는 분산이 아주 잘 일어나지요.

그럼에도 불구하고 태양에서 전리기체들이 굳게 뭉쳐 공 모양의 덩어리를 유지할 수 있는 것은 바로 '중력' 때문입니다. 태양의 중력은 지구나 다른 행성들의 그것에 비하여 월등하게 큽니다.

이것을 알아보기 위하여 태양의 전체적인 상태를 이 그림을 참고로 하여 살펴봅시다. 태양의 반지름은 약 70만km로 지구 반지름의 약 109배나 되어 부피로는 지구의 약 130만 배나 된답니다. 그리고 질량은 2조의 1조 배의 다시 1백만 (2×10^{30}) kg이나 되어 지구질량의 약 33만 배나 되고요.

태양의 전체적 구조를 살펴보면 가운데 둥근 공 모양으로 된 광구(光球)라는 부분이 주체인데, 그 반지름이 약 70만km이고 그 둘레에 두께 수천 km인 얇은 채층(彩層), 그리고 그 바깥에 두께 수백만 km나 되는 코로나 층들로 구성되어 있어요. 그리고 그것들을 이루는 플라스마 입자집단의 밀도는 중심에서 밖으로 나갈수록 급격하게 감소합니다.

이와 같이 태양 광구 정도의 크기를 이루는 공 모양의 플라스마 입자집단은 그 반지름이 커짐에 따라서 표면에서 중력이 더욱 커져서, 지구 중력의 28배나 되는 큰 힘으로 표면 부분의 입자들을 달아나지 못하게 꽁꽁 뭉쳐주고 있어요. 그 자세한 설명은 이 책 (『플라스마의 세계』)을 보면 알 수 있을 거예요.

그러므로 태양 광구 정도의 크기에서 비로소 입자들이 중력에 의하여 공 모양의 덩어리 집단으로 굳게 뭉쳐질 수 있는 거예요. 우리가 살고 있는 이 은하계 속에는 스스로 빛을 내고 있는 항성들이 태양 외에도 아주 많이 존재하고 있는데, 이들 대부분이 태양보다 크기 때문에 중력에 의하여 플라스마 상태의 입자집단이 공 모양으로 구성되어 굳게 뭉쳐져 있답니다.

그리고 태양으로부터 매초 3.8조의 1조 배의 다시 1백 (3.8×10^{26}) J이나 되는 에너지를 방출하고 있어요. 지난주의 첫 시간에 말했던 Q단위(2장 참조)로 나타내면 약 36만 Q에 해당됩니다. 이렇게 많은 에너지는 태양의 중심부에서 플라스마에 의한 핵융합반응으로 생성되고 있는데, 이 그림에 나타낸 것처럼 중심부의 온도는 1,500만℃, 표면에서의 온도는 6,000℃, 그리고 다시 그 밖의 코로나에서 100만℃로 높아져요.

성 양: 잠깐만 교수님! 좀 이상하게 생각되는 부분이 있군요. 태양의 중심부에서 온도가 가장 높고 표면으로 나갈수록 낮아지는 현상은 통념상 이해가 되는데, 더욱 바깥에 있는 코로나 부분에서 다시 온도가 높아지는 건 왜 그런 거지요?

박 교수: 역시 성 양은 예리한 학생이군요. 논리상 약간만 빗나

가면 금방 집어내니 말이에요. 방금 지적한 그 점도 일반인들이 간과하기 쉬운 부분이에요.

성 양은 대중목욕탕에 설치된 사우나 실에 들어가서 혹시 온도계를 본 일이 있나요?

성 양: 어머 참! 그렇게 말씀하시니까 생각나는데, 그 온도계의 눈금은 보통 섭씨 70~80도 정도이고, 심할 경우 100도가 넘는 경우도 있는데 그 속에 사람이 있어도 아무 탈 없는 것은 어째서 그런 거예요? 처음 한두 번 봤을 때에는 온도계가 고장났거나, 아니면 화씨 눈금이 아닌가 생각했는데 늘 봐도 언제나 정확한 섭씨 눈금으로 높은 온도이기에 큰 의문을 가지고 누군가에게 물어 보려던 참이었어요. 몇 사람에게 물어봐도 잘 모르더라고요.

박 교수: 일반인들의 온도 개념에 대한 오개념 탓이랍니다. 다시 말해서 온도와 열의 개념 혼돈 때문에 일어나는 현상입니다.

같은 열량을 가지고도 물질을 구성한 매질의 밀도에 따라서 온도가 달라질 수가 있는 거예요. 예를 들어 두 개의 똑같은 밀폐된 그릇 속(이 그릇들은 외부와 열의 주고받음이 없다고 가정)에 한쪽은 공기를, 또 다른 한쪽은 물을 넣고서 양쪽에 똑같은 열량을 그 속으로 주입했다고 생각해 봅시다. 어느 쪽 온도가 더 높아질까요?

성 양: 그야 밀도가 작은 공기 쪽이 더 빨리 높아질 것 아니에요?

박 교수: 맞아요. 같은 열을 주어도 공기가 물보다 밀도가 훨씬 작아서 각 분자당 받는 열은 훨씬 많게 되겠지요. 물론 분자의 종류에 따라 차이가 있습니다만, 물과 공기처럼 분자밀도

의 차이가 워낙 큰 경우를 생각하면 분자 종류에 따른 차이는 무시하고 생각해도 상관없어요. 어쨌든 한 분자당 받는 열은 공기가 물의 경우보다 훨씬 크기 때문에 공기의 온도가 물보다 훨씬 높아요.

그래서 사우나 실에서는 공기의 온도는 높지만 밀도가 작기 때문에 사람의 몸에 화상을 입힐 정도의 열은 가지고 있지 못하다고 봐야지요. 정 알고 싶으면 사우나실 안의 의자나 벽, 바닥과 같은 고체 부분의 온도를 재어 봐요. 아마 섭씨 40~45℃ 정도 밖에 되지 않을 거예요. 그러니까 의자에 앉아도 데지 않지요.

만일 이것들이 공기의 온도와 같다면 금방 화상을 입을 거예요. 거꾸로 물이 70~80℃, 심한 경우 100℃라고 상상해 봐요. 그 속에 감히 사람이 들어가 있을 수 있겠어요?

이와 같은 논리로 태양에서 멀리 떨어져 갈수록 플라스마 입자의 밀도가 급격하게 희박해지면서 그 온도는 오히려 높아지게 되는 거예요.

성 양: 아, 예 그렇게 되는군요. 그러니까 물질이 가진 열은 온도만으로 생각할 수 없고 온도에다 밀도를 같이 고려해 주어야 한다는 말씀이시군요. 이야기가 또 샛길로 들어갔습니다만, 그러면 교수님, 태양이 매초 360,000Q나 되는 어마어마한 에너지를 방출한다고 말씀하셨는데 이만한 에너지는 도대체 어디에서 어떻게 발생하게 됩니까?

박 교수: 예, 그럼 이제 슬슬 문제의 핵심 쪽으로 들어가 볼까요? 태양의 대체적인 구성과 성질에 대한 설명은 이 정도로 마치고, 더 자세한 내용을 알고 싶으면 이 책(『플라스마의 세

계』)이나 다른 참고서적을 읽어주기 바래요.

그럼 지금부터는 태양에서 어떤 일들이 일어나기에 그렇게 많은 에너지가 방출되는지에 대하여 살펴봅시다.

태양이나 항성에서 이처럼 대량의 에너지를 방출하는 원인을 알아보려고 여러 가지 설을 가지고 시도해 보았지만 만족할 만한 것이 없어서 오랫동안 수수께끼가 되어 왔던 거예요.

그러다가 1939년에 바이츠제커와 베테라는 학자가 그 에너지원으로 어떤 종류의 원자핵반응에 의한 결과일 것이라고 제창하였어요. 이 설에 의하여 별의 구조와 진화 등의 연구가 급속하게 진행되어 왔고 현재는 이 설이 통설로 되어 있답니다.

지난주에 원자력발전을 이야기할 때 원자 에너지가 발생하는 원리를 잠깐 설명했지요? 그 때 핵반응을 '핵분열'과 '핵융합' 두 종류로 크게 나눌 수 있다고 했지 않습니까? 이 중에서 태양이나 항성에서 방출하는 에너지는 핵융합에 의한 겁니다. 핵분열에 대한 설명은 지난주에 충분하게 했으므로, 오늘은 핵융합의 원리를 좀 자세하게 살펴 태양의 활동의 근원을 밝히고 이번 이야기의 주제인 '꿈의 에너지, 핵융합'에 보다 더 접근해 봅시다.

지난주에 핵분열을 이야기할 때, 무거운 원자핵이 가벼운 두 원자핵으로 쪼개지면서 '질량결손'이 있게 되고, 이것이 '질량에너지 등가법칙'에 의하여 방대한 에너지로 전환되어 방출하는 것이 원자력(핵분열형)에너지라고 했지요?

그 반대로 가벼운 원자핵들이 어떤 조건을 만족하면 서로 엉겨붙어서 융합하여 전혀 다른 종류의 원자핵으로 변환하면

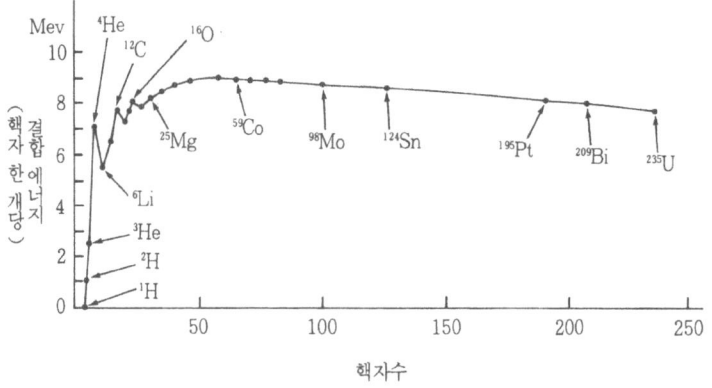

〈그림 5-2〉 핵자 한 개당 결합 에너지

서 역시 질량결손이 있게 되어 방대한 에너지를 방출할 수 있어요. 이런 현상이 바로 '핵융합'이에요.

그러니까 원자핵에너지의 방출은 핵분열이든 핵융합이든 핵의 질량이 감소하는 과정이 있어야만 가능합니다. 이 과정에서 큰 에너지를 얻으려면 물론 질량이 크게 감소하는 반응이 채택되어야 하겠지요.

그러면 일반적으로 어떤 경우에 질량이 감소하는 경향이 있는지 살펴볼까요? 그것은 지난주에도 말했듯이 핵자 한 개당 결합 에너지에 따라서 결정돼요. 이것은 원자핵 전체 결합 에너지를 핵자수로 나눈 값인데, 평균적 의미로 핵자들을 보았을 때의 원자핵의 단단한 정도를 나타내는 척도입니다.

그런데 이 핵자 한 개당 결합 에너지를 여러 가지 원자핵에 대하여 조사해 보면 이 그림(그림 5-2)에서와 같이 질량이 작은 원자핵에서 매우 작고, 질량이 아주 큰 핵에서도 다시 작아지며, 핵자수(질량수)가 60 전후의 핵에서 가장 큽니다. 말하자면, 질량수가 60 부근인 원자핵들이 가장 단단하게 잘 결합되어 있어서 가장 안정한 원자핵을 구성하고 있다는 말이지요.

성 양: 그러니까 우라늄235가 가장 무거워서 불안정하여 핵분열이 일어나기 쉽게 되는군요.

박 교수: 바로, 그거예요.

원자핵이 너무 무거워도 불안정하지만, 반대로 너무 가벼워도 결합이 불안정하므로 적당한 조건이 주어지면 가급적 무거운 질량을 가진 원자핵으로 합쳐지면서 더욱 단단하게 뭉쳐져서 안정되려고 해요. 이렇게 두 가벼운 원자핵들이 융합할 경우에도 핵분열이 일어나는 경우와 마찬가지로 질량결손이 일어나기 때문에 큰 에너지가 방출되는 거랍니다.

성 양: 그러니까, 그 때 방출되어 나오는 에너지를 이용하자는 개념이군요. 그런데 교수님께서 그렇게 설명하셔도 솔직히 저에게는 직접 와 닿지가 않습니다. 좀 더 가까운 예를 들어서 설명해 주실 수 없겠습니까?

박 교수: 그래요? 우선 좀 전에 말했던 태양이 우리 가까이에서 볼 수 있는 좋은 예시가 되겠네요. 태양은 이러한 핵융합 반응이 꾸준히 일어나서 폭발과 압축이 반복되면서 거의 일정한 형태를 유지하고 있어요. 핵융합 반응이 일어날 때 많은 에너지를 내며 폭발하고, 다음 순간에 큰 중력으로 압축하여 다시 핵융합 반응 조건이 되어 폭발하는 그러한 과정이 끊임없이 일어난다고 볼 수 있어요. 그렇게 해서 거대한 에너지를 연속으로 방출하면서 생명을 유지하고 있어요. 비단 태양

뿐만 아니라 은하계 속의 모든 항성도 거의 비슷한 일들이 일어나면서 생명을 유지한다고 볼 수 있답니다.

더 좋은 예시가 있군요. 그 무시무시한 '수소폭탄'에 대해서 들어본 일이 있겠지요?

성 양: 예, 있습니다.

박 교수: 이 수소폭탄이 바로 핵융합 반응을 이용한 좋은 예시가 됩니다. 글자 그대로 가장 가벼운 원자핵인 수소를 핵융합 시켜 만든 폭탄이지요. 이것이 원자폭탄을 오히려 능가하는 가공할 폭탄이라는 사실도 아마 들었을 거예요.

지난 시간에, 원자폭탄을 잘 길들여서 우리 인류에게 유익하도록 제어시킨 핵분열 반응을 현재 우리들이 원자력발전에 잘 이용하고 있다고 했지요?

마찬가지로 이 수소폭탄도 제한을 가하지 않고 그냥 폭발시키면 엄청난 파괴를 몰고 올 무서운 무기가 됩니다만, 이것을 잘 구슬리고 적당하게 재갈을 물려서 제어를 시켜준다면 이것만큼 우리 인류에게 더 멋진 에너지를 제공해 주는 것도 없어요. 이것이야말로 바로 인류의 궁극의 에너지 자원인 '꿈의 에너지, 핵융합'이랍니다.

우리 인간은 항상 재난이나 위기를 평화나 행복으로 반전시켜서 우리에게 유익한 상황으로 바꾸어 나가는 지혜를 지니고 있어서 긍정적인 면도 많은 존재라고 생각하지 않습니까? 원자폭탄의 원리를 이용하여 원자력발전을 성공시켜서 잘 활용하고 있는가 하면, 또 한편으로 수소폭탄의 원리를 이용하여 핵융합에너지를 개발하여 이용하려고 시도하고 있으니 말입니다.

성 양: 그렇습니다. 우리 인간들의 사고와 태도에 따라 이 세상을 낙원으로 만들 수도 있고 지옥으로 만들 수도 있다고 생각해요.

　아무튼 교수님, 결국 수소폭탄을 평화적으로 이용하여 우리에게 유익하도록 이용하려는 시도인 것 같은데, 조금 아까 교수님께서 말씀하셨듯이 가장 가벼운 원자인 수소가 수소폭탄이나 핵융합에 어떤 역할을 하게 됩니까?

박 교수: 예, 그럼 수소원자의 핵자 구성과 그 동위원소들을 생각해 봅시다.

　이 세상에 존재하는 원소들 중에서 가장 가벼운 원소가 수소인 것은 알고 있겠지요? 이 수소원자 1개는 보통 원자핵 속에 양성자 1개가 있고 그 주위를 전자 1개가 선회하는 가장 간단한 원자구조를 이루고 있어요.

　그런데 다음 그림(그림5-3)에 나타낸 것처럼 보통의 수소보다 2배 또는 3배 무거운 수소들도 있어요. 지난 시간에 이런 것들을 동위원소라고 했지요. 이들은 모두 양성자는 1개만 가지지만, 거기다가 중성자가 1개 또는 2개가 결합하여 원자핵을 이루고 있어요. 중성자의 질량이 양성자의 그것과 거의 같기 때문에 중성자가 1개 더 붙은 수소를 중수소, 중성자가 2개나 더 붙은 수소를 삼중수소라 부른답니다. 전자는 모두 1개씩만 가지고 있어요. 전자의 질량은 양성자나 중성자의 질량에 비하여 무시해도 좋을 만큼 가벼우므로 원자 전체의 질량을 생각할 때 전자의 질량은 거의 무시해도 상관없어요.

　그 다음으로 가벼운 원소가 헬륨인데, 이 헬륨도 보통은

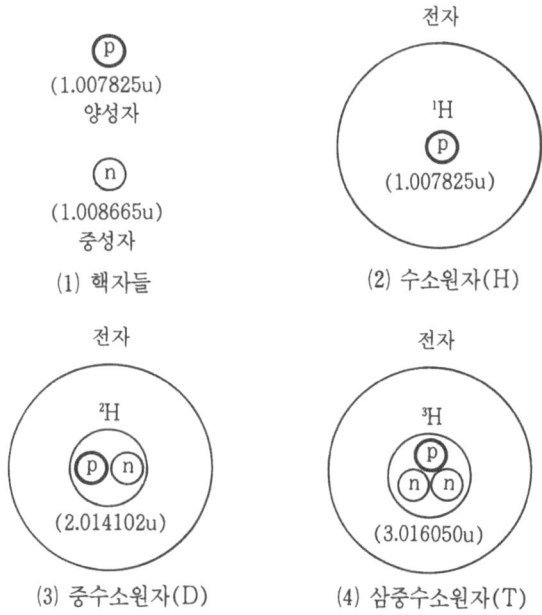

〈그림 5-3〉 핵자와 수소의 동위원소. 여기서 u는 원자 질량 단위

그 핵 속에 양성자 2개와 중성자 2개로 구성되어 있으나, 중성자가 1개만 들어있는 경우도 있어요. 앞의 것을 헬륨4, 뒤의 것을 헬륨3이라고 하며 이것들도 동위원소예요.

 앞에서도 말했듯이 핵융합을 일으킬 수 있는 원자핵들은 이렇게 가벼운 것들이 관여하는데, 지금 언급한 3종의 수소핵이나 2종의 헬륨핵이 주로 이용되고 있어요.

 그런데 양성자들과 중성자들이 어떻게 단단하게 뭉쳐져 원자핵을 구성하는지에 대한 이야기는 지난 시간에 잠깐 언급한 것처럼 유카와 교수의 중간자 이론에 의한 것이나, 그 원리에 대한 이론은 어려우므로 우리는 생략합시다. 그러나 결과론적으로 원자핵이 어느 정도로 단단하게 뭉쳐져 있느냐 하는 것은 계산할 수 있어요. 그렇지만 여기서는 핵융합에너지를 계산해 보기 위하여, 원자핵의 결합 에너지를 구하는 경우와 비슷한 방법으로 이 그림의 중수소핵을 가지고 생각해 봅시다.

이 계산을 하려면 우선 '원자 질량 단위' u부터 먼저 정의해 두는 것이 순서일 것 같군요.

원자 한두 개는 워낙 작으므로 그 질량도 너무 작아서 그 단위를 kg이나 g으로 나타내려면 너무 불편해요. 종이 한 장의 두께를 보통자로 측정하려는 불편함을 상상할 수 있겠지요? 그보다 훨씬 더 심한 경우랍니다.

그래서 핵자의 질량과 같이 작은 질량을 나타내는 단위를 새로 설정하여 기준을 잡으면, 그것에 대한 비로 새로운 질량 표현이 가능하겠지요? 이 세상의 모든 단위란 결국 우리 인간들의 약속에 불과하니까요

성 양: 정말 그렇군요. 늘 무심하게 생각했던 점 중에 또 한 가지 새삼스러운 것을 인식하게 됩니다. 질량 단위인 kg이나 g, 길이 단위인 이나 cm, 시간 단위인 시, 분, 초 등을 가만히 생각해 보니 이것들은 어떤 절대자가 준 것이 아니고 우리들끼리의 약속에 불과하군요.

박 교수: 그렇지요? 우리끼리의 약속일뿐입니다. 그래서 원자의 질량 단위도 어떤 새로운 기준을 잡아서 서로가 약속만 하면 되는 거랍니다.

그 기준을 이렇게 약속하고 있어요. 원자의 질량을 나타내

는 기본 단위로, 탄소의 동위원소 중에서 탄소12 원자 1개의 질량의 12분의 1을 '원자 질량 단위'로 부르고, 이 그림에서 표시한 것처럼 u로 쓰고 있어요. 1u는 1.66043×10^{-27} kg에 해당하는 아주 작은 값이에요.

어쨌든 이 u로 핵자들과 수소, 중수소, 삼중수소의 질량을 나타낼 수 있어요. 그리고 이 그림에는 나타내지 못하고 있지만, 헬륨의 동위원소인 헬륨3은 그 질량이 3.016030u이고, 헬륨4는 4.002603u랍니다.

그런데 어떤 한 원자핵에 다른 원자핵을 충분한 에너지를 가지고 부딪치게 하면 두 핵은 충분하게 접근하여 한 덩어리의 원자핵이 되면서 많은 에너지를 방출하는 경우도 있고, 합쳐진 원자핵이 불안정하여 곧 새로운 두 원자핵으로 분리하면서 에너지의 수수가 일어나는 경우도 있어요. 어떤 쪽이든지 이러한 반응들을 '원자핵반응'이라고 불러요.

성 양은 고등학교 때 화학을 배운 일이 있지요?

성 양: 수학 능력 시험에 대비하기 위하여 조금 맛만 본 셈이지요. 그렇지만 지금은 다 잊어버렸습니다.

박 교수: 그렇겠지요. 좋습니다. 우리나라 입시 제도의 잘못 때문에 과학 교과목들이 푸대접을 받고 있어서 어쩔 수 없는 현상이니까요.

그렇지만 화학 반응이란 말은 들어본 일이 있겠지요?

성 양: 예, 들어본 일은 있습니다만……

박 교수: 화학 반응이란 둘 혹은 그 이상의 물질(분자)이 서로 반응하여 새로운 다른 물질(분자)로 변환하는 과정을 말합니

다. 예를 들면, 철을 공기 중에 오래 놓아두면 산소와 화학 반응하여 산화철(녹)이 되는 경우라든가, 수소와 산소가 결합하여 물이 되는 경우이지요. 그런데 이러한 화학 반응이 일어날 경우에는 그 과정에서 에너지의 수소가 그다지 많이 관여하지 않아요. 그럴 수밖에 없는 것이, 화학 반응에서는 그 반응의 매개 역할을 주로 전자가 하면서, 전자의 전하의 수에 의한 전기력이 주된 작용을 하게 되지요.

그 반면에 원자핵반응은 그 매개 역할을 주로 양성자나 중성자와 같은 핵자들이 하면서 그들의 이합집산 과정에서 생기는 질량결손이 방대한 에너지로 산출되니까 전기력과는 비교도 안 되지요. 즉 원자핵 반응은 한 단계 더 깊이 들어가서 핵력에 관련되는 반응이니까, 껍데기에서 전기적으로 일으키는 화학 반응과는 상대가 되지 않을 만큼, 큰 에너지로 반응이 일어나는 거예요.

성 양: 예, 벌써 대상이 다르군요. 다윗과 끌리앗에 비유할 수 있을지 모르겠습니다만……. 어쨌든 대단한 반응을 일으키는 것이 원자핵 반응이라고 보면 되겠습니다.

그러면 교수님, 이러한 원자핵 반응 중에서 또 핵융합 반응은 어떻게 구분 지을 수 있는 거예요?

박 교수: 예, 그걸 지금부터 살펴봅시다. 지난 시간에 원자력 발전을 이야기할 때, 원자핵 분열 반응에 대한 내용은 충분하게 설명했지요? 그 경우에는 주로 우라늄이나 플루토늄과 같이 무거운 원자핵이 관여한다고 했지만, 핵융합 반응은 아까 그림(그림 5-2)에서 설명했듯이 주로 가장 가벼운 원자핵들이 반응을 일으키는 경우를 그 대상으로 하고 있어요. 그

래서 여기서는 가벼운 두 원자핵이 결합하여 한 개의 원자핵으로 뭉쳐지는 핵반응만 우리 이야기의 대상으로 합시다.

이러한 경우가 바로 핵융합 반응이며, 수소나 헬륨과 같이 가장 가벼운 원자핵들끼리의 핵반응은 반응 후 다시 두 개의 핵으로 나누어질 여유가 없이 한 개의 핵으로 굳게 융합하면서 중성자나 양성자를 방출하고 방대한 양의 에너지를 내어놓게 된답니다. 이것이 바로 핵융합에너지의 발생 원리로, 수소폭탄과 태양을 비롯한 수많은 항성들이 큰 에너지를 내며 생명을 유지하는 기본 원리가 되는 거예요.

성 양: 그러면, 이러한 핵융합 반응이 저절로 일어나지는 않을 거 아니에요? 그 반응을 일으키기 위한 어떤 방법이나 조건이 필요하겠지요?

박 교수: 물론입니다.

이렇게 가벼운 수소나 헬륨의 원자핵들을 융합시키려면 두 원자핵을 충분하게 접근시켜서 그들이 가진 양성자들의 전기적 반발력을 능가하는 핵력이 작용할 수 있게 해줘야 하는 거예요. 앞에서도 이야기했듯이 핵력이 전기력에 비하여 월등하게 큰 대신에, 아주 가까운 거리에서만 강하게 작용하지 멀어지면 전기력보다 훨씬 더 급격하게 그 세기가 떨어져요. 그래서 두 원자핵이 대략 그것의 크기와 비슷한 거리에 접근해 가야만 강한 핵력으로 서로 굳게 결합하여 핵융합이 가능한 겁니다.

그런데 태양을 위시한 항성 내부에서는 이렇게 원자핵들을 가깝게 해주기 위하여 큰 중력이 거기에 작용한다고 이 시간의 앞부분에서 이야기했지요?

그렇다면 지구상에서 인위적으로 가벼운 원자핵을 접근시키려면 어떻게 하면 될까요?

성 양: 글쎄요. 저로서는 전혀 어떤 묘안이 떠오르지 않는데요.

박 교수: 그럴 거예요.
그러나 이런 점만은 분명할 겁니다. 무엇이냐 하면, 적어도 태양 속에서 일어나는 핵융합 반응의 조건은 만족시켜야 한다는 거지요.

성 양: 그렇다면 지구 위에서 태양과 같은 큰 중력을 실현시킬 수 있다는 말씀입니까?

박 교수: 아니, 그건 불가능해요.

성 양: 그럼, 어떤 식으로 태양과 같은 조건을 만족시킬 수 있어요?

박 교수: 태양과 똑같은 조건은 아니지만 가벼운 원자핵들끼리 핵융합 반응이 일어날 조건을 찾아서 그것을 만족시켜 주면 될 거 아니에요? 말하자면, 그 원리를 규명해서 다른 길로 그 조건을 만족시키는 방법도 있겠지요.
그래서 가벼운 원자핵들이 융합하여 핵융합이 일어나기 위하여 이들을 충분하게 빠른 속도를 가지고 충돌하도록 해서 그 조건을 달성하는 거예요. 충분히 빠른 속도를 가진다는 말은 이 원자핵을 가진 가벼운 원소의 플라스마 상태가 충분하게 높은 온도를 유지해야만 된다는 말과 마찬가지입니다. 플라스마에 대한 내용은 다음 시간에 자세하게 설명할게요.
그 다음 조건은, 이렇게 높은 온도의 플라스마가 태양 속에서와 비슷한 정도의 고밀도를 유지해야 된다는 겁니다. 태양은 그 표면에서 아주 강한 중력이 작용하므로 플라스마를 높은 밀도로 뭉치게 할 수 있다고 했지요. 그러나 지구 위 실험실에서는 그만큼 큰 중력을 만들 수 없으니까 다른 방법을 동원하고 있어요.

성 양: 그 방법이란 게 뭐지요?

박 교수: 그건 또 한 가지 남은 핵융합 조건을 마저 이야기한 후에 한꺼번에 말하는 것이 알아듣기가 좋을 겁니다. 그것부터 먼저 말해 볼게요.

또 한 가지 남은 핵융합 조건은 가둠 시간이에요. 앞에서 언급한 바와 같이 굉장한 고온이면서 아주 밀도가 큰 플라스마를 공간에 그냥 두면 어떤 현상이 일어나겠어요?

성 양: 금방 사방으로 흩어져 버릴 것 같은데요.

박 교수: 그렇겠지요? 지구 위에서 이렇게 엄청나게 뜨거운 전리 기체(플라스마)를 일반 공간에서 고밀도로 일정시간 동안 유지한다는 것이 무척 힘들겠지요? 그렇다고 그냥 두면 금방 흩어져 분산되어 버리니까 아무런 소용이 없어요.

그래서 이러한 고온이면서 고밀도인 플라스마를 어떤 일정한 공간에 어느 정도의 시간 동안 가두어 두어야 핵융합 반응이 가능한 겁니다. 결국 핵융합 반응을 일으키려면 일정한 공간 안에 수소나 헬륨과 같은 가벼운 원자들의 플라스마 상태가 어떤 온도 이상, 어떤 밀도 이상인 상태로 일정 시간 이상 유지되어야 가능합니다.

그런데 이렇게 까다로운 플라스마 상태를 지구에서 일정한 공간, 다시 말하여 어떤 그릇에 가두어 두기 위한 방법으로 자기장으로 만든 '자기 그릇'을 보통 사용하게 된답니다. 지구 위에서는 태양과 같은 크기의 중력을 얻을 수 없는 반면에, 플라스마는 전기를 지닌 기체 분자들이니까 자기장을 잘 이용하면 일정한 공간 속에 효과적으로 잘 가두어서 이와 같은 핵융합 반응 조건을 달성할 수 있다는 개념입니다. 즉, 자기장에 의하여 지구상에서 제4의 물질상태인 플라스마로 제4의 불인 핵융합에너지를 얻자는 겁니다.

성 양: 아, 그러니까 큰 중력 대신에 자기장을 이용하여 그 목적을 달성하자는 거로군요.

그야 중력이건 자기장이건 '핵융합'이란 목표만 달성하면 되겠네요. 그런데 이러한 핵융합 반응의 조건은 얼마나 됩니까?

박 교수: 우선 간단하게 말하면, 온도가 1억℃ 이상, 밀도가 1 cm^3당 10^{14}개 이상이나 되는 플라스마 상태를 최소한 수초 이상 유지해야 하는 걸로 되어 있어요. 물론 이 세 가지 요소 중에서 어느 한두 가지 조건을 높이면 나머지 다른 한 가지 요소를 낮추어도 가능해요. 이들 세 가지 요소는 서로 관련성이 있어서 상호 협조가 이루어집니다. 그래서 이 세 가지 요소를 연관 짓는 다이어그램도 그릴 수 있답니다(그림 5-4). 여기에 관한 내용은 좀 있다가 다시 자세하게 설명할게요. 비록 최근의 핵융합 장치들에 의한 실험과 연구에 의하면 이 조건들이 더욱 까다로워서 2~3배 더 높은 값들이 요구된다는 결과가 나와 있지만, 자릿수가 다를 만큼 크게 달라지지는 않았으므로 앞의 조건을 알아두면 편리할 겁니다.

아무튼 이러한 조건은 개념 설계하고, 현재 제작 설치하여 실험 중인 핵융합 장치에서 에너지 수지 관계를 계산하여 산

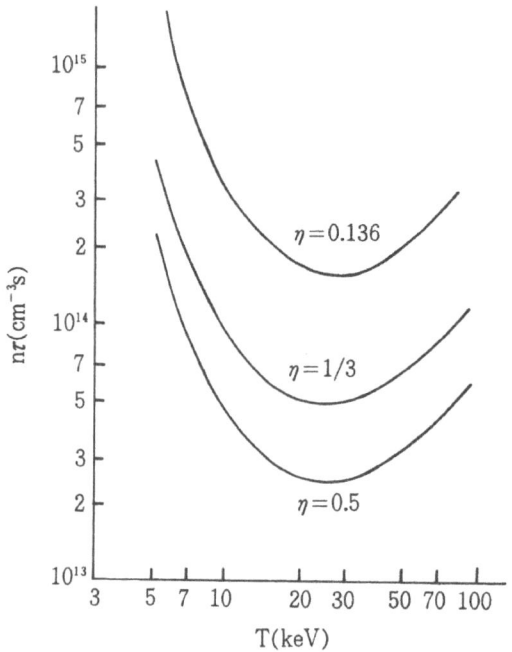

〈그림 5-4〉 핵융합 반응을 위한 로슨 기준.
nτ-T다이어그램

출할 수 있어요.

영국의 로슨(J. D. Lawson)이라는 물리학자는 핵융합로에서 단위 부피당 핵융합 반응에 의한 총발생 에너지에, 손실될 열에너지와 제동 복사 에너지를 감해 주고 발전 효율까지 고려해 넣은 핵융합 반응 조건을 계산한 결과, 플라스마 밀도(n)와 가둠 시간(τ)을 곱한 값과 플라스마 온도계가와의 관계식을 만들었어요. 이 관계를 '로슨 기준(Lawson criteria)'이라고 부르고 있어요. 그래서 이 관계를 nτ와 T 사이의 관계로 다이어그램으로 나타낸 것이 〈그림 5-4〉예요.

이 그림에서 가로축은 온도를 keV 단위로 나타내었는데, 1keV가 약 1,000만 ℃라고 보면 돼요. 그러니까 10keV가 약 1억 ℃인 셈이지요. 그리고 세로축은 밀도와 가둠 시간을 곱한 값으로 밀도는 cm^3당 입자 수, 가둠 시간은 초(s)로 표시하고 있습니다. 그림 속에 발전 효율(η)의 다름에 따른 로슨 기준의 변화 영역도 나타내고 있지요. 이 중에서 발전 효율이 0.136 이상의 영역이 핵융합 반응이 가능한 조건으로, 이것을 '점화 조건'이라고 하는데, 때로는 이 조건을 '로슨 기준'이라고 하는 경우도 있어요. 이 그림에서 점화 조건을 보면, 온도가 1억 ℃이면 $n\tau$는 약 5×10^{14} 이상, 온도가 2~3억 ℃이면 $n\tau$는 약 2×10^{14} 이상이 되어야 그 조건을 만족하는 것을 알 수 있습니다.

성 양: 그러니까, 지구상에서 핵융합에너지를 얻기 위해서는 지금 말씀하신 조건을 만족해야 된다는 말씀이시군요.

박 교수: 바로 그거예요. 그리고 이러한 조건의 플라스마 상태를 만들기 위하여 지구상에서는 자기장으로 만드는 '자기 그릇'을 이용하게 됩니다. 적당한 자기 그릇을 만들어서 전기를 지닌 플라스마 입자들을 그 그릇 안에서 발생시키면 이들이 그 속에 갇혀서 도망가지 못하고, 나중에는 점화 조건을 만족할 온도와 밀도로 충분한 시간 머무를 수 있어서 핵융합 반응이 가능하도록 해주지요. 그래서 충분하게 빠르고 높은 밀도의 가벼운 수소나 헬륨의 원자핵들이 서로 가까이 접근하여 융합을 할 수 있게 된답니다.

성 양: 예, 그렇습니까? 그런데 교수님, 자기장은 어떻게 해서 플라스마를 일정한 공간에 가둘 수 있는지요? 또 그 구성은 어떻게 이루어져 있는지요?

박 교수가 연구실 출입문 위에 걸린 벽시계 쪽으로 슬쩍 눈을 주니 시계바늘이 6시를 넘기고 있다. 아무리 여름의 낮 시간이라고 해도 해가 서쪽으로 상당히 기울어져 있음을 느낄 수 있었다.

박 교수는 오늘의 대화도 이쯤에서 마무리해야 되겠다고 생각하면서 다음 대화를 이어나간다.

박 교수: 대화에 몰입하다 보니 시간가는 줄도 몰랐는데, 벌써 6시가 넘었군요. 오늘의 대화도 슬슬 마무리하기로 합시다.

성 양: 어머, 벌써 시간이 이렇게 되었습니까? 그럼 정리를 부탁드리겠어요.

박 교수: 방금 성 양의 질문 가운데 플라스마를 가두어 담아두는 자기 그릇의 구성과 그 종류들에 대해서는 다음 기회에 그것만 가지고 더 자세하게 설명할게요. 오늘은 시간도 없고 하니까 자기장이 어떻게 플라스마를 가두어 두는지 하는 문제만 간단히 언급하고 마치겠어요.

성 양은 중학교 때 과학 시간에 이런 실험을 해본 일이 있는지 모르겠군요.

성 양: 어떤 실험 말씀입니까?

박 교수: 도선에 전류를 흐르게 하고 그 주변에 쇳가루를 뿌려두거나 자침을 두는 실험 말입니다. 그때 어떤 현상이 나타나지요?

성 양: 예, 그 실험이라면 초등학교 때부터 해봤습니다.

전류가 흐르는 도선 주위에서 쇳가루가 둥글게 동심원들을 그리며 배열되고, 자침이 일정한 방향을 가리키는 것을 관찰했습니다.

박 교수: 예, 그것을 전류의 자기 작용이라고 하지요. 말하자면 전기가 흐르는 곳의 주위에는 반드시 자기가 생긴다는 겁니다. 그런데 그 반대 현상도 생각할 수 있고 실제 일어나고 있어요.

다시 말하면, 자기의 변화에 의하여 전기를 만들 수도 있다는 거지요. 발전기의 원리가 바로 이겁니다.

그러니까 전기와 자기는 별개의 것이 아니고 서로 밀접하게 관련되어 있어요. 이심동체라고나 할까요? 한 쪽이 있으면 다른 쪽을 만들 수 있고, 서로는 밀접한 상호 작용도 할 수 있거든요.

그래서 전기와 자기는 서로 변환도 가능하지만, 서로 관여하여 영향을 줄 수 있어요. 그래서 전기를 띤 입자인 플라스마가 자기장에 놓이면 그 자기장의 영향을 받게 된답니다.

이 영향을 잘 이용하여 플라스마를 일정한 공간에 가둘 수 있어요. 실험 공간에서 중심부의 자기장의 세기를 최소로 하고 밖으로 나갈수록 그 세기를 강하게 해주면 플라스마 입자들이 밖으로 도망가지 못하고 그 속에 가두어질 수 있는 거예요. 따라서 이러한 자기장 구성을 '자기 그릇'이라고 하지요.

성 양: 그래서 이 자기 그릇 속에 플라스마를 담아서 가두어 둠으로써, 높은 밀도를 일정 시간 이상 유지시킬 수 있다는 말씀이군요.

박 교수: 바로 그래요. 그 원리만은 이렇게 간단하게 말할 수 있지만, 실제로 핵융합을 점화시키기 위하여 만족할 만한 조건의 플라스마 상태를 달성하는 데는 어려운 점이 많답니다. 그러므로 지금 이 순간에도 이러한 문제점들을 한 가지씩이라도 해결하기 위하여 전 세계의 과학자들이 부단히 노력하고 있는 중이에요. 아마 멀지 않아 좋은 결과들이 얻어져서 핵융합에너지의 평화적 이용에 서광이 비치리라 생각됩니다.

그러면 오늘은 핵융합 반응이 일어날 기본 원리와 그 조건을 알아보는 것으로 만족하기로 하고, 다음에는 이러한 핵융합을 지구상에서 일으킬 유일한 매개 물질인 플라스마에 대하여 알아보고, 그 다음에는 현실적으로 핵융합 반응의 반응 관계들과 핵융합 장치들의 종류와 구성, 그리고 유망한 장치에 대한 국내외의 전망 등을 차례대로 알아보기로 합시다.

오늘은 이쯤에서 끝내는 게 어떨까요? 설명이 만족하게 이루어졌는지 모르겠군요.

성 양: 예, 감사합니다.

제가 워낙 이 분야나 과학에 대한 기초 지식이 부족하여 설명하시기가 더욱 힘들었을 텐데, 교수님께서 저 같은 문외한에게도 충분히 알아들을 수 있도록 아주 쉽고 자상하게 말씀하시니까 저로서는 더없이 고맙고 감사할 따름입니다. 아주 유익하고 만족스러웠습니다.

그럼, 안녕히 계십시오.

박 교수의 연구실 문을 뒤로 하고 나온 성 양은 저절로 긴 한숨이 나온다. 장시간 긴장한 후에 나오는 안도감과, 새로운 분야의 과학 이야기에 도취되어 많은 지식을 얻은 후에 생긴 만족감이 혼합되어 더욱 증폭된 결과이리라.

시계를 보니 6시 반을 넘어서고 있다. 대학신문사에서 매일 열리는 일일 미팅에 참석할 시간이다.

종종걸음으로 발길을 재촉하여 신문사가 있는 건물 쪽으로 돌아나갔다. 아직도 뜨거운 여름날의 열기가 남아 있어 숨이 가쁘다.

울창한 미루나무 숲의 그늘에서는 농악 동아리의 학생들이 장구를 신나게 두드리면서 매미들의 합창소리에 뒤섞여 야릇한 화음을 연출해 내고 있다. 하루를 마치고 귀가 길에 나선 남녀 학생들이 제 각기 행복감에 젖어 교문을 향해 발걸음을 옮기는 늦은 오후의 캠퍼스 풍경은 보는 사람의 눈까지도 행복하게 한다.

6
제4의 물질 상태도 있습니까?—플라스마

오늘은 한 주일을 마무리하는 토요일이다. 우리네 대학도 언제부터인가 토요일은 휴무로 정해져 강의랑 여러 가지 활동들이 쉬게 된다. 그래서 대학 캠퍼스가 평일에 비하여 한결 조용하다.

성 양은 강의도, 아무런 부담도 없는 주말이라 느긋한 마음으로 여유를 부리다가 자칫 박 교수와의 약속 시간에 늦을 뻔했다. 헐레벌떡 서둘러서 달려갔더니 약속 시간인 10시의 5분 전이었다. 박 교수의 연구실 문 앞에서 한 번 크게 심호흡을 한 후에 연구실에 들어섰다.

박 교수는 예의 단정한 모습으로 잔잔한 미소를 띠면서 성 양에게 자리를 권한다. 성 양의 이마와 코 밑에는 땀빙울이 송골송골 맺혔다. 손수건으로 연신 닦아내어도 체내의 열기까지는 제거할 수가 없다.

박 교수: 시간을 지키느라고 어지간히 허둥대었군요.

성 양: 호호호. 실은 늘 하던 대로, 토요일이라 게으름을 좀 피우다가 늦어져서 혼이 났습니다. 약속 시간을 어겼다가는 교수님께 엉덩이라도 맞을 것 같아서 좀 서둘렀습니다.

박 교수: 오호, 그 기회를 놓쳤으니 정말 애석하도다. 하하하.

이제 일주일 가깝게 다섯 번이나 만나면서 장시간 대담들을 해왔으니, 두 사람 사이에는 상당히 친숙한 감정이 생겨서 농담도 스스럼없이 할 정도가 되었다.

　성 양이 땀을 식힐 정도로 충분한 시간 동안 주변 얘기를 나눈 후에 박 교수가 한 가지 제의를 하였다.

박 교수: 늘 똑같은 이 연구실에 틀어박혀 딱딱한 과학 이야기를 하자니 좀 답답한 느낌이 들지 않아요? 오늘은 마침 토요일이라 캠퍼스도 조용하고 하니까, 이 건물 앞쪽의 느티나무 아래에 있는 벤치에 나가서 이야기를 계속해 보는 것이 어떨까요?

성 양: 어머, 어떻게 그런 생각까지 하셨습니까? 보통 과학자들에게 느끼게 되는 분위기와는 다르군요. 융통성과 내면적 낭만까지 곁들인 분이시군요.

박 교수: 이거, 아침부터 성 양이 비행기를 태우니까 좀 얼떨떨한데? 나도 분위기 있는 사람입니다. 왜 이래요. 하하하.
　자, 그럼 간단한 몇 가지 자료를 챙겨 가지고 자리를 옮겨 볼까요?

성 양: 예, 그렇게 하시죠.

　두 사람은 연구실 문을 잠그고 복도를 걸어 나온 후, 계단을 내려와서 건물 현관을 가로질러 밖으로 나섰다.
　늦여름의 따가운 햇살은 아직 자극적이었지만 짙은 느티나무 그늘에 들어서니 제법 서늘하다. 느티나무 그늘이 거의 끝나는 지점에 5m쯤 되는 낭떠러지 언덕이 큰 바위들을 받침으로 하여 이루어져 있다. 이 나지막한 언덕 위 가장자리 부근에 하얀 벤치가 일렬횡대로 대여섯 개 설치되어 있다. 두 사람은 그 중에서 그늘이 가장 두텁고 전망이 가장 좋은 가운데 벤치에 자리를 잡았다.

성 양: 우리 대학 캠퍼스 내에 이렇게 분위기 있고 낭만적인 벤치가 설치된 곳이 있는지 미처 몰랐습니다. 좋은 곳이군요.

박 교수: 그렇지요?
 언제라도 기회를 내어서 친구와 데이트 장소로 한 번 생각해봐요. 괜찮을 겁니다.

성 양: 예, 잘 알겠습니다. 한 번 생각해 보겠어요.

박 교수: 그건 그렇고, 오늘은 무슨 이야기하기로 했지요?

성 양: 아 예, 지난 시간의 말씀 중에서 우리 지구 위에서 핵융합 반응을 일으켜 꿈의 에너지를 만들 유일한 매질인 플라스마에 대하여 말씀해 주시기로 했습니다.

박 교수: 그랬지요?
 자, 그러면 지금부터 플라스마의 세계로 여행해 봅시다. 중학교 과학 시간에 물질의 상태에 관하여 공부한 적이 있겠지요? 우리 주위에 존재하는 모든 물질의 상태를 크게 세 가지로 나눌 수 있는데 무엇 무엇인지 말할 수 있겠어요?

성 양: 고체, 액체, 기체로 나누는 것을 말씀하시는 겁니까?

박 교수: 그래요. 바로 대답했어요.
 우리가 살고 있는 세상에는 여러 가지 물질이 존재하고 있는데, 그 모양새나 상태에 따라서 고체, 액체, 그리고 기체로 나눌 수 있는 거죠. 이것을 물질의 3태라고도 하지요.
 예를 들어서 지금 우리가 앉아 있는 이 벤치의 나무나 발 밑에 밟히는 흙이나 돌 등은 일정한 크기와 일정한 모양을 유지하고 있어서 고체라고 하고, 오른쪽 저 언덕 너머에 있는 연못에 고인 물이나 실험실의 알코올 등은 크기는 일정하나 모양은 일정하지 않고 담는 그릇에 따라 달라지므로 액체라 부르며, 우리가 지금 마시고 있는 공기를 비롯하여 부탄가스, 천연가스와 같이 일정한 모양이나 정해진 크기가 없는 것을 기체라고 부르지요. 그래서 우리 주위에 존재하는 모든 물질은 일단 이 세 가지 형태 중에 한 가지로 존재하고 있는 거예요.

성 양: 그러면 교수님, 왜 모든 물질은 이 세 가지 중에 한 가지 상태를 유지하는지요? 또 언제나 한 가지 상태로만 존재하는지, 아니면 어떤 조건 변화에 따라 다른 상태로 변화할 수는 없는지요?

박 교수: 좋은 질문들이군요.
　　결과부터 말하자면, 모든 물질은 조건 변화에 따라서 언제나 다른 상태로 변환될 수 있어요. 가장 쉬운 예로서 물을 생각해 볼까요? 물은 항상 액체 상태로만 존재합니까?

성 양: 아니에요. 고체인 얼음도 될 수 있고, 기체인 수증기도 될 수 있잖습니까?

박 교수: 그렇지요? 그러면 그렇게 상태를 변환시켜 주는 요인은 무엇이라고 생각합니까?

성 양: 온도 아닙니까?

박 교수: 온도가 무엇에 의하여 변화하나요?

성 양: 아 예, 열에 의하여 변화하는군요.

박 교수: 지난주에 설명했는데 그 동안에 또 개념 착오를 일으키네. 온도는 뜨거운 정도를 겉으로 나타내는 척도에 불과하지, 그것이 물질 상태의 변화에 기여하는 근본 물리량은 아니에요. 이러한 온도 변화나 물질 상태의 변화에 기여하는 기본 물리량은 '열'이랍니다.

이 '열'에 의하여 모든 물질의 상태가 결정되고, 또 열의 주고받음에 따라서 같은 매질일지라도 고체도, 액체도, 기체도 될 수 있는 거예요.

앞에서 예로 든 물을 생각해 볼까요? 일정한 양의 물을 그릇에 담고 냉장고의 냉동실에 넣어두면 열을 빼앗겨서 고체인 얼음이 되고, 다시 꺼내어 놓으면 열을 받아서 녹으면서 액체인 물이 되며, 이것을 다시 불 위에 얹고 가열하면 기체인 수증기가 되지 않아요?

성 양: 아, 그러니까 물질의 상태를 유지하거나 변화시키는 기본 요인은 바로 '열'이군요. 그러면 열이 무엇이기에 그런 요인이 되며, 물질과 어떤 작용에 의하여 그런 유지 또는 변화가 일어나는지요?

박 교수: 에너지의 종류를 기억합니까? 열에너지가 있었지요? 그러니까 열도 일종의 에너지인 거지요. 에너지이니까 다른 물질이나 상태에 작용하여 변화를 줄 수 있는 겁니다.

그 다음으로 열이 물질에 어떤 작용을 하느냐? 물질을 이룬 기본 입자를 분자라고 했지요? 물 분자는 H_2O로, 이 분자들이 엄청나게 많이 모여서 물을 만드는 겁니다. 그런데 이 분자들도 열에 대한 반응은 생물체와 비슷해요.

열을 빼앗겨서 추워지면 별로 운동하지 않고 일정한 위치에 고정되어 서로 일정한 거리를 유지하면서 오들오들 떠는 진동만 하므로, 수많은 이 분자들이 모이면 결국 일정한 크기와 일정한 모양을 유지하는 고체가 되지요. 그러다가 열을 좀 받으면 따뜻해지므로 운동이 더 활발해지지만 동지들끼리의 우의는 버리지 못 하여서, 일정한 거리는 유지하되 위치는 고정되지 않고 자유롭게 이동하는, 전체적으로 크기(부피)는 일정하지만 모양이 정해지지 않는 액체가 되는 거예요. 이번에는 더욱 많은 열을 받았다고 생각해 봐요. 각 분자들이 너무 뜨겁게 되기 때문에 동지들끼리의 우의고 뭐고 생각할 겨를도 없이 모두가 제각각 일정한 거리나 일정한 위치와 상관없이 자유스럽게, 그리고 활발하게 운동하므로 전체의 크기나 모양이 없는 기체가 되는 거예요.

성 양: 아, 그러니까 물질의 상태란 그 물질을 구성하고 있는 분자들이 열을 얼마나 빼앗기느냐 또는 얻느냐에 따라서 결정되는군요.

박 교수: 예, 그래요. 이것을 물질을 이루는 분자의 열적 상태라고 표현하기도 해요. 그러니까 분자의 열적 상태에 따라 물질의 상태가 결정되는 것입니다. 결국 물질의 상태도 열에너지인 에너지와 밀접한 관련이 있는 거예요. 에너지의 주고받음에 따라서 물질의 상태가 변화될 수 있고, 그 주고받음이 없이 일정한 에너지를 보유한 물질은 그 에너지에 합당한 일정한 상태를 유지하고 있는 거예요.

성 양: 아, 예, 그렇게 되는군요.
　이제 물질의 상태가 왜 그렇게 되며 어떤 원인에 의하여

상태 변화가 일어나는지 그 개념은 어느 정도 알겠습니다.

그런데 교수님, 지금은 물을 예로 들어 설명하셨으니까 쉽게 이해하겠는데, 다른 물질들도 똑같은 원리로 설명할 수 있습니까?

박 교수: 일단 그렇다고 대답하겠습니다. 철과 같은 금속 종류도 많은 열을 받으면 녹아서 액체(쇳물)로 되었다가 더욱 많은 열을 받으면 증발하여 기체로 됩니다.

그러나 물질 구성의 특성상 어느 한 상태는 건너뛰는 경우도 있습니다. 예를 들어 나무를 가열하면 바로 수분을 증발시키다가 나중에는 타서 연기와 각종 증기를 방출하니까 고체에서 바로 기체로 되는 경우가 되겠지요.

성 양: 그런데 교수님, 지금 우리가 대화하고 있는 내용은 교수님께서 오늘 저에게 들려주시기로 한 플라스마와는 너무나 빗나가 있는 것 같은데, 오늘 여행은 혹시 방향을 잘못 잡으신 건 아니신지요?

박 교수: 아니에요. 분명히 바르게 가고 있어요. 단지 바르게 가기 위한 예비 단계가 좀 길고 장황했을 뿐이에요. 성 양이 물질을 다루는 물리학이나 화학에 대한 어느 정도의 지식수준이 되어 있다면 오늘 지금까지 이야기한 내용은 간략하게 줄일 수도 있었지요. 충분한 예비지식을 얻었다고 생각하세요.

그럼 지금부터 플라스마에 대한 이야기를 풀어볼까요?

성 양: 예, 부탁드리겠어요.

박 교수: 그럼, 이런 걸 한 번 생각해 봅시다.

모든 물질은 높은 열에너지를 받아서 각 분자들이 높은 에너지를 유지하면 기체 상태가 된다고 했습니다. 그 다음에 이 기체분자들이 더욱 월등하게 높은 에너지를 가지게 되면 어떻게 된다고 상상할 수 있겠습니까?

요즈음 세상은 보통으로는 직성이 풀리지 않고 모든 현상들을 극단적, 극한적 상태에서 어떻게 나타나는지를 봐야만 비로소 만족하는 경향이 있지요. 자연과학에서도 마찬가지로 이러한 극한적 상태를 다루는 분야가 최근에 속속 등장하고 있어요. 극저온, 초고온, 초고압, 초전도, 초미시 등등이 그것인데 이런 분야들을 '극한 과학'이라고들 합니다.

아무튼 기체분자들이 극단적으로 높은 에너지를 받고 아주 높은 온도가 되면 그때부터 어떻게 될까요?

성 양: 글쎄요. 저로서는 전혀 상상조차 되지 않습니다.

박 교수: 기체분자들이 극단적으로 높은 에너지를 가지게 되면 그 분자보다 더 작은 입자인 원자로 쪼개어지고, 이렇게 쪼개어진 원자들이 높은 에너지 상태에 있게 되면 다시 원자들이 쪼개어지면서 전자를 떨어지게 한답니다. 여기서 원자의 경우는 쪼개어진다는 표현보다는 전자를 잃어버린다는 표현이 좋겠군요. 그리고 분자 상태에서 전자를 잃어버리는 경우도 있답니다.

원자의 구성에 관한 이야기는 지난 주(4장 참조)에 비교적 자세하게 했으니까 그 내용을 잘 되새겨 주기 바랍니다.

그러면, 원자가 전자를 잃어버리면 어떻게 될까요?

성 양: 자꾸 모른다는 대답만 드리게 되어서 대단히 죄송합니다만, 솔직히 이 분야에는 문외한이라서 잘 모르겠습니다.

박 교수: 그럴 거예요. 내가 오히려 무리한 질문을 한 것 같습니다.

지난주에 설명한 원자의 구조를 다시 한 번 생각해 봅시다. 산소원자의 구조를 예로 들었는데(그림 4-1 참조), 이 원자는 원자핵에 양성자 8개, 중성자 8개가 있고, 그 주위를 전자 8개가 선회한다고 했지요?

이 원자가 보통의 상태에 있을 때 전기적 양인 전하의 균형 관계를 살펴봅시다.

원자핵 속에 있는 양성자 1개가 가진 양의 전하는 그 밖을 선회하는 전자 1개가 가진 음의 전하와 그 크기는 같아요. 이렇게 산소원자 1개에 존재하는 양성자와 전자의 수가 같으니까 산소 원자는 보통은 전기적으로 중성을 유지한다고 지난 시간에 설명했지요?

그러나 앞에서 설명한 대로 이러한 원자가 높은 에너지를 받고 전자 1개를 잃어버리게 되면 이 원자는 양성자의 수가 전자의 수보다 1개 더 많아서 양의 전기를 띠게 되겠지요? 이러한 현상을 '전리 현상', 또는 '이온화'라 하고, 양의 전하를 띤 원자를 '양이온'이라고 합니다. 전자 1개를 자유전자로 떨어낸 원자를 1가 양이온, 2개를 떨어내면 2가 양이온…… 등등으로 부릅니다. 그리고 이러한 전리 현상이나 이온화는 모든 원자에서 다 일어날 수 있어요.

성 양: 아, 이온이라는 말은 많이 들었습니다. 음이온이라는 말도 있더군요.

박 교수: 물론 있어요. 전자의 수가 더 많은 경우를 말하는 거예요.

하여간에 이러한 원자들이 무수하게 많이 모여서 이루어진 집단인 기체에 높은 에너지를 주면, 이 기체 원자들 중 일부 또는 많은 수가 전리되어 양이온들과 자유전자들이 뒤섞여진 전리 기체가 되는 거예요. 이러한 상태를 바로 '플라스마'라고 불러요. 물론 전리 기체라고 모두 플라스마라고 할 수는 없고, 전리되는 정도가 어떤 기준 이상이 되어야 한답니다. 그 기준에 대한 자세한 내용은 더 이상 언급하지 않겠어요. 꼭 알고 싶으면 다른 참고 문헌을 찾아보거나 다음 기회에 다시 한 번 찾아줘요.

성 양: 아니, 됐습니다. 제가 이 분야에 전문가가 될 것도 아니고 그만큼 깊은 내용은 좀 무리인 것 같아요. 그 다음 말씀을 계속해 주십시오.

박 교수: 그렇게 합시다.
　그러니까 플라스마는 '물질의 제4상태'인 셈이지요. 실제로도 그렇게들 부르고 있어요.
　왜 플라스마를 물질의 제4상태라고 부르는지에 대해서는 오늘 지금까지 이야기한 내용을 거슬러 가보면 쉽게 이해할 수 있을 거예요. 물질의 3태를 고체, 액체, 기체로 일컬었으니, 그 다음 높은 에너지를 가진 플라스마를 물질의 제4태라고 하는 것은 당연하겠지요. 최근의 교재나 매스컴들에서 이 플라스마를 정식으로 물질의 제4태로 자리매김 시켜주는 자료들도 많이 눈에 띄고 있어요.
　물질이 이렇게 네 가지 상태의 어느 한 가지로 존재하고, 또 에너지의 주고받음에 따라서 다른 상태로 변환할 수 있기 때문에, 결국 물질의 상태는 그 물질이 보유한 열에너지의 보유 정도에 따르는 겁니다.

그런데 지금까지 잘 알려진 물질의 3태인 고체, 액체, 기체 사이의 상태 변화를 위하여 필요한 열에너지는 그다지 많지 않지만, 기체에서 플라스마로 변환시키는 데 필요한 에너지는 이들 사이의 변환보다 월등하게 높아서 그 값들보다 최소한 100배 이상이나 된답니다.

같은 매질이 고체, 액체, 기체로 변환하는 데에는 보통 온도로 나타내어서 수백 도 정도로 가능하고, 아무리 높아도 1천 수백 ℃ 정도가 고작인 반면에, 기체가 플라스마로 변환하는 데에는 수만 ℃에서 수십만 ℃ 이상이 되어야 가능해요. 그러니 보통 물질들의 상태 변화들과는 비교가 되지 않을 정도의 초고온의 상태, 즉 고에너지의 상태를 유지하고 있는 셈이지요. 그래서 우리 지구 위에서는 이러한 플라스마 상태를 접하기가 쉽지 않답니다.

그런데 이러한 현대적 과학개념의 물질의 상태를 기원전 고대 그리스의 학자인 엠페도클레스(B.C. 490~435)가 주장한 물질의 구성에 관한 4원설과 비교해 보면 아주 재미있습니다.

박 교수는 벤치의 자리 옆에 두었던 자료들 중에서 한 권의 책을 집어 들더니 책장을 넘기다가 17쪽의 그림을 펴 보인다(그림 6-1). 이 책은 박 교수 자신이 대학원 학생들을 위한 교재로 직접 저술한 『플라스마 및 핵융합 물리학』이라는 책이다.

박 교수: 이 그림은 엠페도클레스가 주장한 물질의 4원설과 현대 과학에서 말하는 네 가지 물질 상태와 아주 좋은 대응을 이루고 있음을 나타내고 있어요. 그는 이 세상을 구성하고

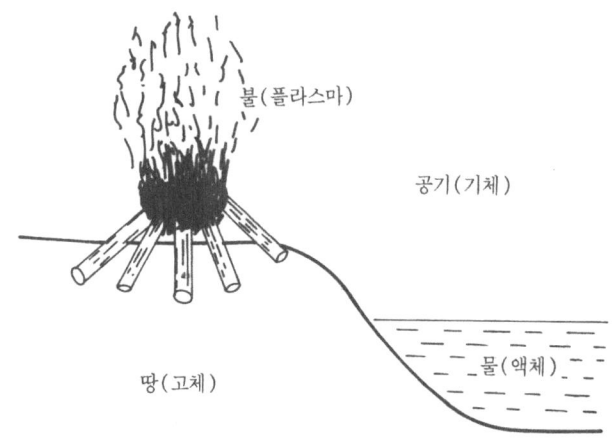

〈그림 6-1〉 기원전 그리스 학자 엠페도클레스에 의한 물질 구성의 4원설과 현대 과학의 네 가지 물질 상태의 대비

있는 모든 물질은 땅, 물, 공기, 불로 이루어져 있다고 보았는데, 이들 각각에 대응되는 현대 과학의 물질 상태는 바로 고체, 액체, 기체, 그리고 플라스마인 겁니다.

성 양: 그거 아주 재미있는 대비가 되는군요. 기원전의 학자가 이미 이러한 물질 구성의 근원을 논의하였다니, 비록 현대 과학과 같은 체계적이고 고급화된 과학적 지식은 아니라고 할지라도 대단한 혜안을 가졌던 것만은 틀림없군요.

박 교수: 정말 그렇지요?

아무튼 이 네 가지 물질 상태 중에서 플라스마는 워낙 높은 에너지 상태라야만 존재할 수 있으므로 우리 지구상에서 발견되기가 쉽지 않아요. 그래서 19세기 후반에 와서야 그 존재를 확인할 수 있었답니다.

6. 제4의 물질 상태도 있습니까?—플라스마

잘 알다시피, 우리가 살고 있는 이 지구는 밀도가 큰 공기층이 둘러싸고 있어서 좀처럼 이만큼 높은 에너지 상태의 전리 기체를 만들기가 쉽지 않지요. 그러나 지구를 떠나서 바깥의 우주 공간에 나가면 기체의 밀도가 진공에 가까울 정도로 희박할 뿐만 아니라 아주 강력한 각종 방사선과 우주선에 의하여 이 기체들이 쉽게 전리가 일어나서 공간 매질의 99% 이상이나 되는 거의 대부분이 플라스마 상태로 되어 있어요. 그러니 지구는 마치 우주 전체를 차지하고 있는 플라스마라는 큰 바다 속에 조그맣게 떠있는 한 개의 공기 거품과 같다고 비유하기도 하지요. 지구는 밀도가 큰 대기와 지구 자기장이 이러한 공간 플라스마를 차단시키기 때문에 외계의 플라스마로부터 고립되어 있는 거예요.

성 양: 그렇다면 교수님, 우리가 살고 있는 이 지구상에서는 플라스마를 접하기가 어렵다고 하셨는데, 우리 주변에서 플라스마를 볼 수는 있는 거예요? 볼 수 있다면 어떤 곳에 존재하고 있어요?

박 교수: 그게 궁금하지요?

우리 주변에서도 볼 수는 있어요. 이 계절에도 가끔 볼 수 있지만, 한 여름철에 갑자기 뇌운이 형성되면서 소나기가 쏟아지고 천둥이 치면서 벼락이 떨어지는 일이 있지 않아요? 이 때 번갯불 속의 상태가 바로 자연에서 발생하는 플라스마의 좋은 예입니다(그림 6-2). 그리고 지구의 북극이나 남극에서 아름다운 빛을 내면서 나타나는 오로라도 자연에서 볼 수 있는 플라스마 현상의 하나지요. 그 외에 자연에서 발생하는 플라스마는 거의 없습니다.

〈그림 6-2〉 번갯불은 지구상에서 발생하는 플라스마의 대표적인 예이다

그 대신에 인공으로 만든 플라스마 상태를 더러 볼 수가 있지요. 요즘 각 가정이나 가로를 밝히는 형광등, 수은등, 나트륨등을 비롯하여 각 상점에서 야간에 간판으로 사용하는 네온사인, 그리고 최근에 개발된 옥외 표시 장치인 플라스마 표시 장치(PDP) 등이 바로 플라스마를 이용한 장치들이지요. 이들은 모두 유리관 속을 진공으로 한 후, 정해진 기체를 희박하게 넣고 전기를 공급하여 방전시켜서 얻는 빛들로, 희박한 기체 분자들에 큰 전기에너지를 공급하기 때문에 플라스마 상태를 비교적 쉽게 얻을 수 있어요.

어때요, 이 정도로 이야기하니까 플라스마가 지구 밖의 먼 우주 공간에만 있는 것이 아니고, 우리와 가까운 곳에도 존재한다고 생각되어 다소 친밀감을 느끼게 되지 않아요?

성 양: 예, 그렇게 말씀하시니까 그런 것 같기도 한데, 솔직히 저에게는 바로 여기에 있는 나무, 돌, 공기, 물과 같은 것들보다는 훨씬 멀게만 느껴지는 사물 같아요.

박 교수: 그야 당연하겠지요.

늘 우리 주변에서 접하게 되는 그런 것들에 비하면 외계인 같은 느낌이 들겠지요. 오늘 이야기와 다음에 이어질 이야기들을 모두 듣게 되면 친숙하게 될 겁니다.

성 양: 예, 그렇게 되기를 기대하겠어요.

그런데 교수님, 플라스마라는 말이 도대체 무슨 뜻인지요? 또 적당한 우리말은 없는 거예요? 처음 이 말을 들었을 때부터 그것이 궁금했는데, 이제 겨우 생각이 되살아나서 질문하게 되네요.

박 교수: 아, 그렇군요. 지금까지 플라스마라는 말의 원래의 뜻을 알아보지 않았군요. 그러면, 이제 플라스마의 어원과 그 뜻을 잠시 알아봅시다.

플라스마는 원래 그리스어인 '$\pi\lambda\alpha\sigma\mu\alpha$'에서 나온 말로, 이 말의 원래의 뜻은 '형태가 있는 것을 창조한다', '조형한다'에요. 이 말을 발음되는 그대로 영어로 옮겨 plasma로 나타낸 거예요. 지금 그리스어로 나타낸 이 글자를 잘 보고 각 글자의 첫소리만 따서 연결시켜 보면 '플라스마'라는 발음이 될 겁니다.

따라서 플라스마란 이처럼 '어떤 형태를 만든다'는 뜻을 내포하고 있기 때문에, plasma의 plas-까지를 어간으로 하여 파생된 영어 단어가 꽤 많아요.

예를 들어서 고분자 물질의 일종인 plastics, 정형외과를 plastic surgery, 조형 미술을 plastic art와 같이 모두 이 plasma를 그 어원으로 하고 있어요.

그래서 '플라스마'란 그저 간단하게 만들어지기는 어렵고, 좀처럼 창조되기 어려운 어떤 신비스러운 조형물이라는 의미가 내포되어 있어요. 따라서 중세 유럽의 교회에서는 이 플라스마라는 용어를 사용하면서 그 의미를 '인간이 만들 수 없는 신비스러운 신의 창조물'이라고 규정하여 왔던 거예요.

그리고 불행하게도 이 플라스마란 말에 적합한 우리말은 아직 찾아내지 못하고 있어요. 마치 에너지란 말의 적합한 우리말을 찾을 수 없었듯이 역시 이것도 아직 적당한 우리 이름이 없답니다. 지금까지 설명을 들었으니 국어국문학을 전공하는 성 양이 한번 작명해 보는 게 어떨지요?

성 양: 제가 감히 그런 신성한 용어를 만들 수 있겠어요? 그보다 도대체 그 말이 어떤 과정을 거쳐서 물리학에까지 도입되었습니까?

박 교수: 예, 그렇잖아도 지금 그 부분을 이야기하려던 참이에요. 근대과학에서 플라스마라는 용어를 사용한 것은 생물학이나 의학이 물리학보다 먼저였답니다. 이러한 분야에서의 그 의미도 앞서 이야기한 그런 내용을 담고 있어요. 생물학에서는 세포 속에서 생명활동을 영위하는 부분인 '원형질'을 proto plasma 또는 plasma라 부르고, 의학용어로 plasma

라고 하면 혈장이나 임파액과 같은 세포질을 말하고 있어요. 결국 '플라스마'란 '인간이 간단하게 만들 수는 없으며 신비성을 띠고 있는 반유동성 물질'이라고 개념 정의를 내릴 수 있을 것 같군요.

물리학에서 이 말이 처음 사용되기 시작한 것은 1928년에 미국의 연구자였던 랭뮤어(I. Langmuir)에 의해서였어요(그림 6-3). 그는 미국의 제너럴 일렉트릭 연구소의 젊은 연구자로서 진공 방전 현상에 특히 흥미를 가졌는데, 방전관 속에서 아름다운 빛을 내는 기체 방전 현상의 신비로움에 매료되었답니다. 그 당시에 많은 과학자들이 이 매혹적인 방전 현상에 관심을 두고 그 해석에 도전해 보았으나, 그 현상이 워낙 복잡하여 대부분이 중도에서 포기하였고, 오직 랭뮤어만이 끈질기게 그 현상을 연구하여 규명하게 되었답니다.

그는 방전 현상이 일어나는 방전관 속에 탐침을 설치해 넣고 그 속의 전기적 특성을 측정해 본 결과, 높은 진동수의 독특한 진동이 발생함을 확인하였어요. 그리고 이러한 특성 진동을 이론적으로도 해석하여 '플라스마 진동'이라고 명명함으로써 물리학에서 처음으로 플라스마라는 용어가 탄생하게 되었던 거예요. 그러니까 물리학에서 플라스마란 말이 사용된 것은 70년도 채 안 되는 셈이지요.

성 양: 예, 그렇게 해서 플라스마라는 말이 물리학에서 처음 사용되었군요.

그러면 이러한 플라스마가 근래에 와서 왜 이렇게 관심을 끌고 있는지요?

박 교수: 관심을 끄는 정도가 아니라 물리학이나 자연과학 분야

〈그림 6-3〉 플라스마의 명명자 랭뮤어
(1881~1957)

에서는 최근에 굉장한 각광을 받고 있는 실정이에요. 그렇게 된 이유를 세 가지로 크게 나누어 설명해 볼게요.

 그 첫 번째로 말할 수 있는 것이 우주 과학의 연구랍니다. 1958년에 과학적인 큰 사건이 하나 있었는데 성 양은 그 사건이 무엇인지 압니까?

성 양: 1958년이면 제가 이 세상에 존재하기 이전이기도 하고, 또 과학적 사건들에 대해서는 원래 둔감한 편이라서 잘 모르겠군요. 호호호.

박 교수: 그 말이 무리는 아니겠군.

 그 해에 소련에서 인류 최초로 유인 우주선을 지구 대기권 밖 우주 공간으로 발사했고, 그 우주선이 지구 궤도를 선회한 후 귀환에 성공한 사건이 있었어요. 이 사실이 지구상의 인류에게 어떤 반향을 불러일으켰는지 알아요?

성 양: 물론 첫 유인 우주선이 지구 대기 밖을 여행했으니 대단한 사건임에는 틀림없겠지만, 요즈음 수시로 대기권 밖을 다녀오고 우주 왕복선까지 개발되어 우주 개발에 열을 올리고 있는 사실에 비하면 특별한 의미를 부여할 것도 아닌 것 같은데, 어떤 특별한 또 다른 뜻이 있는 모양이지요?

박 교수: 그래요. 또 다른 뜻이 있지요.

그 당시만 해도 미국을 대표로 하는 서방 세계와 소련을 대표로 하는 공산 세계의 양대 권역 사이에 팽팽한 냉전 상태가 유지되면서, 이 지구상에서 서로 힘의 주도권을 쟁취하려는 처절한 경쟁이 최고조에 달했던 시기였어요. 이런 상황에서 소련이 먼저 유인 우주선을 지구 궤도에 진입시켰으니 미국의 입장은 어떻게 되었겠습니까?

속된 말로 난리가 난 거죠. 미국의 체면은 물론, 과학 기술과 군사력 등의 경쟁에서 심각한 타격을 입게 되었던 거죠. 그래서 이러한 과학 기술의 열세를 단기간에 만회하기 위하여 콧대 높은 미국 전 국민의 열성적인 성원 아래 방대한 예산을 투입하여 중등학교 과학 교과의 혁신적인 개발부터 서두르는 한편, 기존 우주 개발 프로젝트에도 엄청난 인력과 예산을 쏟아 부어서 맹렬히 연구 개발을 한 결과, 불과 10년도 안 되어서 소련을 앞지르게 되었던 거예요. 이런 사실을 보면 미국이라는 나라가 원래 초거대 국가이기도 하지만, 국가 위신에 관한 어떤 문제가 발생하면 전 국민이 응집력을 발휘하여 거대한 부에 힘입어서 그 문제를 곧 극복해 버리는 위대한 국가임을 실감할 수 있답니다.

말이 빗나가 버렸습니다만, 어쨌든 이러한 일이 있은 후에 지구상의 양대 진영은 우주 개발의 무한경쟁에 돌입하게 되었지요.

그런데 지구를 떠나 우주 속에 들어가면 대부분의 물질이 무엇으로 구성되어 있는지 아세요?

성 양: 아까 교수님께서 플라스마가 우주 공간에 꽉 차 있다고 말씀하시지 않았습니까?

박 교수: 예, 그렇다고 했지요?

그러니까 우주를 개발하려면 우주 공간의 상태를 잘 이해해야 하므로, 그 속을 채우고 있는 플라스마의 성질을 잘 모르고는 곤란하겠지요. 그래서 우주 개발의 활발한 연구 분위기에 힘입어서 플라스마 물리학이 크게 각광을 받게 되었어요.

그리고 한 가지 덧붙일 것은, 때마침 전 세계의 핵융합 연구자들이 핵융합 연구를 공개적으로 공동 연구하자는 제안이 1958년에 나왔으니까 플라스마 물리학의 연구라는 불에 기름을 끼얹은 형상이 된 셈이지요.

성 양: 공교롭게도 유인 우주선이 궤도선회에 성공한 시기와 핵융합 연구의 공개적 공동 연구가 시작된 시기가 일치했으니 플라스마에 대한 연구에 대단한 추진력이 붙었겠습니다.

그러면 이러한 플라스마에 대단한 관심을 가지게 된 그 다음 원인으로는 어떤 것이 있어요?

박 교수: 그건 바로 방금 언급한 핵융합 연구와 밀접한 연관이 있어요.

지난번 시간에 충분하게 이야기했고, 다음 시간에도 다시 자세하게 설명하겠지만, 우리가 살고 있는 이 지구 위에서 제어된 핵융합 반응을 일으키기 위하여 사용될 유일한 매질은 바로 플라스마뿐인 거예요. 그러니 인류 궁극의 에너지원인 핵융합 장치를 개발하기 위하여 이 플라스마라는 제4의 물질 상태의 중요성은 아무리 강조해도 지나치지 않을 겁니다.

수소폭탄은 수소의 핵융합 반응으로 방대한 에너지를 순간적으로 방출하는 가공할 파괴력을 가진 폭탄임은 잘 알려진 사실이지요. 그러나 이와 같이 인류에게 큰 해를 가져올 폭탄도 그것을 제작한 인간들의 휴머니즘에 호소한다면, 우리 인간들에게 매우 유익한 에너지원으로 활용할 좋은 계기를 만들 수 있는 것 아니겠어요?

그래서 앞에서도 말했듯이, 국제원자력기구가 1958년에 개최한 제2차 원자력의 평화적 이용에 대한 국제회의 핵융합 분과에서 처음으로 핵융합에 대한 내용들을 공개하기 시작했답니다. 그 이전까지는 선진국들이 각자 비밀리에 핵융합 연구를 추진해 왔던 겁니다. 그러나 이 핵융합 반응이 수소폭탄과 같은 무기 개발이 목적이라면 경쟁심 때문에 당연히 비밀리에 개발을 진행해 왔겠지만, 평화적 이용이 목적이라면 비밀로 진행해야 할 이유가 없고, 오히려 사이좋게 잘 협조해 가면서 공동 연구가 잘 이루어질 것은 필연적 귀결이겠지요.

성 양: 역시 선은 아름답고 떳떳하지만, 악은 추하고 뒤가 켕겨서 드러내기 싫어하는 본성을 여기서도 엿볼 수가 있군요. 우리 인간들은 항상 평화를 추구하고 전쟁을 싫어하면서도 왜 늘 전쟁을 일삼는지 정말 이해하기 힘든 이율배반적인 존재인 것 같아요.

박 교수: 그게 바로 인간의 참 모습인지도 모르지요. 인간은 출현할 때부터 그런 원죄를 가지고 나타났기에 선과 악을 같이 공유하고 있지 않을까요? 만일 선만 가진 인간이 출현했다면 신에 가까운 존재이지, 현재의 인간은 아니었겠지요. 이 논법 역시 이율배반적 논리가 될 수도 있겠군요.

아이고, 이러다가 철학 논쟁이 벌어지겠다, 인간 본성에 관한 논의는 이 정도로 끝냅시다.

아무튼, 이렇게 해서 선진국을 위시한 이 분야의 연구에 참여한 모든 국가들은 이때부터 핵융합에너지를 평화적 목적에 이용하기 위한 노력에 공동으로 참여하여 잘 협조해 왔답니다. 그 결과로, 지금은 이 분야의 연구에서 괄목할 만한 진전이 이루어져 오고 있어요.

성 양: 그래서 핵융합에너지를 평화적 에너지원으로 이용하기 위해서는 그것을 만들기 위한 플라스마가 필수불가결한 요소가 된다는 말씀이시군요.

박 교수: 바로, 그렇습니다.

결국, 이러한 핵융합 반응을 제어시켜서 우리 인류에게 유익한 에너지를 얻으려면 그 핵융합 반응에 필요한 조건과 그것을 적당하게 다룰 능력이 있어야 되겠는데, 지상에서 이러한 조건을 만족할 수 있는 유일한 매질은 오직 고온이면서 고밀도인 플라스마뿐인 거예요.

그러므로 이러한 고온이면서 고밀도인 플라스마에 관한 관심과 연구가 급속하게 증대되고 있으나, 제어된 핵융합 반응의 조건이 워낙 까다로워서 아직도 제어 핵융합 반응이 실용화되기까지는 시간이 좀 더 필요할 것 같습니다. 그렇지만 그리 멀지 않아서 좋은 소식이 있을 거예요. 이 반응을 성공시키기 위하여 무엇보다 가장 적극적인 연구를 수행해야 할 분야가 바로 플라스마 물리학이고, 지금 이 순간에도 세계 각 대학과 연구소에서 이 분야의 연구에 혼신의 노력을 기울이고 있으니까요. 이 플라스마의 조건과 제어 핵융합 반응의 관계는 다음 시간에 자세하게 설명할게요.

성 양: 예, 그러니까 결국 플라스마 없는 제어 핵융합에너지란 생각할 수 없다는 말씀이시군요. 다시 말해서 플라스마가 핵융합에 꼭 필요한 것이군요.

그러면 교수님, 현세에서 플라스마가 각광을 받게 되는 또 다른 한 가지 요인은 무엇입니까?

박 교수: 아 참, 또 한 가지가 남아 있지요?

그것에 대한 이야기는 잠깐 쉬면서 한숨 돌리고 난 다음에 계속하도록 합시다.

사실 박 교수는 긴 시간 동안 쉬지도 않고 계속해서 설명하였던 터라 목도 말랐다. 그리고 딱딱한 벤치 위에 한 시간 이상이나 앉아 있으니 엉덩이도 아파왔다. 그래서 휴식 겸 일어서서 허리를 돌리며 상체 운동을 잠시 하였다.

그리고는 건물의 현관에 설치된 자동판매기 쪽으로 가서 동전으로 콜라를 두 잔 뽑아 벤치로 되돌아와서 한 잔을 성 양에게 내민다.

성 양은 받아서 잘 마시겠다는 인사와 함께 단숨에 쭉 마셔버린다. 성 양도 박 교수 못지않게 목이 말랐던 것이다. 박 교수도 성 양의 그 모습을 빙그레 웃으면서 바라보다가 마치 흥

내라도 내듯이 역시 단숨에 마셔 버린다. 목안이 좀 시원해지는 것 같다.

 이야기를 시작한 지도 한 시간이 훨씬 지나서 정오에 가까워지고 있다. 아침나절 이른 시간에는 짙은 나무그늘의 효력이 충분히 발휘되어 제법 상쾌할 정도로 시원했는데, 정오에 가까워질수록 뜨거운 태양열이 서서히 대지를 달구어가면서 벤치 주변도 차츰 열기가 더해지기 시작한다.

 박 교수는 빨리 오늘 이야기도 마무리 지어야 되겠다고 생각하면서 다시 말머리를 끄집어내기 시작한다.

박 교수: 자 그럼, 플라스마가 최근에 관심의 대상이 되는 요인 중 세 번째 것을 마저 이야기하면서 오늘도 슬슬 마무리를 할까요?

성 양: 예, 그렇게 하는 것이 좋겠어요. 정오가 가까워지니 날씨도 점점 더워지네요.

박 교수: 그 세 번째 요인은 바로 새로운 물질을 합성시키거나 가공시키는데 이 플라스마가 크게 기여할 수 있다는 겁니다. 플라스마를 이용하기 이전에는 대부분의 물질들은 액체 상태나 기체 상태로, 또는 드물게 고체 상태인 채로 화학 반응을 일으켜서 새로운 물질을 합성시키거나 가공시켰던 거예요. 이 경우의 반응은 낮은 에너지의 주고받음에 의하여 분자들 및 원자들이 재구성 과정을 거칩니다.

 그러나 플라스마는 아까 설명했듯이 이 고체, 액체, 기체들 보다 월등하게 높은 에너지 상태를 유지하고 있기 때문에, 지금까지의 물질의 합성이나 가공 과정보다 엄청나게 높은

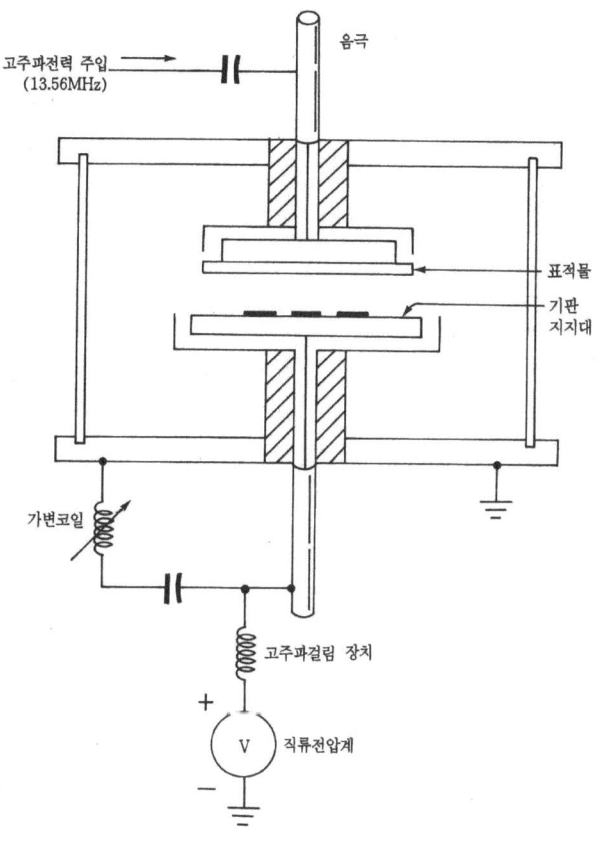

〈그림 6-4〉 전형적인 플라스마 프로세싱 장치의 한 예

에너지, 다시 말해서 엄청나게 높은 온도에서 반응을 일으킬 수 있는 거예요. 그러므로 이전에는 상상도 할 수 없는 새로운 물질을 여기 이 장치와 같이 비교적 간단한 장치로 만들 수 있고, 가공할 수도 있어요(그림 6-4). 가장 쉬운 예로는 다이아몬드의 합성을 들 수 있겠군요. 이 지구상에서 가장 단단한 물질이라고 일컫는 다이아몬드를 인공적으로 만들려

면 이전에는 엄청나게 어려운 조건을 만족시켜 주어도 겨우 제조될까 말까 했는데, 최근에는 플라스마를 이용하여 실험실에서 아주 간단하게 제작할 수 있답니다.

비단 다이아몬드뿐만 아니라 이전까지는 합성시키기가 무척 힘들었던 특수한 재료들도 비교적 쉽게 제조할 수 있고, 각종 반도체 박막의 제작이나 가공, 반도체 소자의 제조 공정, 특수 금속의 가공 등에 플라스마가 아주 효과적으로 잘 사용될 수 있어요. 이러한 내용들을 다루는 학문 분야를 플라스마 프로세싱(plasma processing)이라고 하는데, 이 분야는 물리학에서 뿐만 아니라 화학, 화학공학, 재료과학, 금속공학, 전자공학, 전기공학 등 다방면의 전공 분야에서 대단한 열의와 관심을 가지고 연구에 몰두하고 있는 중이에요. 특히 최근에 초고집적회로소자(VLSI)를 비롯하여 무수한 각종 전자 칩들의 개발 분야가 눈부신 발전을 거듭하고 있는 현실에 비추어 볼 때 이 플라스마 프로세싱의 전자 산업에 대한 기여는 대단한 겁니다. 그러니 일반 산업에서도 자연스럽게 플라스마에 대한 관심이 점점 증대되어 가고 있는 실정은 어쩌면 당연하겠지요.

성 양: 예, 그렇겠군요. 플라스마에 대한 인식이 점점 달라져 가겠군요. 그 외에 또 플라스마가 응용되는 곳은 없는지요?

박 교수: 왜 없겠어요. 전자기 유체역학적(MHD) 발전, 기체방전공학, 레이저, TV의 브라운관 등등 잡다한 응용 분야도 많지만, 가장 관심을 모으는 분야는 역시 지금까지 이야기한 세 가지가 주종이 될 것입니다.

하여간 앞으로의 산업사회를 더욱 발전시키고 우리 인류의

6. 제4의 물질 상태도 있습니까?―플라스마

복지 생활을 더욱 풍성하기 위하여 이 플라스마라는 새로운 제4의 물질 상태가 그 한몫을 톡톡히 해낼 것은 틀림없을 것입니다. 한 번 두고 보시오.

그러니 물리학자, 과학자뿐만 아니라 성 양 같은 인문과학을 하는 사람들이나 사회과학을 하는 사람들까지 일반 시민들도 이 플라스마에 대하여 더욱 많은 관심과 애정을 가지게 될 거예요.

성 양: 그래도 이 거대한 사회조직 중에서도 우리나라와 같이 덜 과학화된 사회의 시민들이 하루아침에 갑자기 그러한 관심과 애정을 가질 것이라고 기대하는 것은 교수님의 지나친 욕심이나 희망사항이 아닐까 염려스럽습니다.

그러나 한 가지 사실은 분명할 겁니다. 교수님의 플라스마에 대한 애정에 정신적인 후원자가 한 사람 더 늘었다는 사실 말입니다. 호호호. 제가 이후에 늘 관심을 가지고 지켜보겠습니다.

박 교수: 고맙군요. 성 양 개인만으로 그 관심을 끝내지 말고, 기자의 직분을 충분히 발휘하여 여러 사람들에게 널리 좀 알려 주세요.

성 양: 제가 감히 그런 막중한 역할을 할 수 있겠습니까? 아직 대학신문사 기자에다 그것도 말단 기자인 주제에 말이에요.

방금 떠오른 생각인데, 이런 것을 기획해 볼 수 있겠군요. 사정이 허락된다면 지금까지 교수님께서 말씀하신 내용들을 간추려서 우리 대학신문에 특집기사로 싣도록 편집담당 책임자에게 건의해 보고 싶습니다.

박 교수: 그것도 좋겠군요. 차차 생각해 보기로 하고, 오늘 이야기도 이쯤에서 끝낼까요?

　대담의 좋은 상대가 되어 주었고, 오늘도 이야기 여행에 좋은 동승자가 되어 주어서 고맙게 생각합니다.

성 양: 아니에요.

　매번 교수님께서 그렇게 말씀하시니 저로서는 정말 몸들 바를 모르겠습니다. 정말로 감사해야 할 사람은 바로 접니다. 교수님, 진심으로 감사합니다.

박 교수: 그렇게 생각해 주니 다시 한 번 고맙군요. 허허허.

　다음 시간에는 플라스마를 이용한 핵융합 장치들의 실제 구성과 연료 수급 문제 등을 현실적으로 다루어서, 핵융합 에너지를 왜 '꿈의 에너지'라고 부르는지 그 이유를 알아볼 좋은 시간이 되도록 합시다.

　이제 이 정도로 많은 이야기를 했으니 성 양도 이 꿈의 에너지 핵융합에 대하여 충분한 예비지식을 갖추었으리라 판단되기 때문에 본격적인 핵심 내용을 이야기해도 잘 알아들을 것으로 생각합니다.

성 양: 다음 시간이 기대되는군요. 잘 부탁드리겠어요.

박 교수: 같이 기대해 봅시다.

　그럼, 좋은 주말을 행복하게 잘 보내고 다음 시간에 건강한 모습으로 다시 만납시다.

성 양: 예, 교수님께서도 좋은 주말을 보내십시오. 그럼 안녕히 계십시오.

　두 사람은 벤치에서 일어나서 작별 인사를 나눈 후, 박 교수는 다시 연구실로 향하고, 성 양은 대학신문사로 발걸음을 옮겼다.

늦여름이라지만 정오가 되니 대지가 점점 뜨거워진다. 아래쪽 길 양옆으로 늘어선 키다리 미루나무에서는 마지막 가는 여름을 잡아두려는 듯 매미들의 짧은 울음소리들이 귀청을 뚫을 기세인양 시끄럽게 들려온다.

주말의 캠퍼스는 이따금씩 분주하게 대학본부 쪽으로 가는 학생들이나 나오는 학생들이 보일 뿐, 주중에 비하면 한결 조용한 편이다.

7
꿈의 에너지, 핵융합

　성 양이 '꿈의 에너지, 핵융합'이라는 일간 신문의 기사를 읽고 궁금증을 풀기 위하여 박 교수의 연구실을 찾은 지도 오늘로 1주일이 된다. 처음에는 단순하게 용어해설 정도로 만족할 예정이었으나, 박 교수의 자상한 이야기 여행에 동승하고 보니 그게 그렇게 간단하게 끝나지 않을 뿐만 아니라, 성 양 자신도 지금까지 접해 보지 못했던 새로운 자연과학의 한 분야에 매혹되어서 장기여행의 여정으로 끌려 들어가 버렸다.
　오늘도 박 교수는 연구실을 비우지 않고 자리를 지켰다. 그는 강의를 방금 끝내고 돌아온 듯 손을 씻고 있던 참이었다. 성 양이 연구실 문을 들어서니 엉거주춤 손을 씻고 있던 박 교수가 눈짓으로 자리를 권한다. 박 교수가 권유하는 대로 조심스럽게 자리에 앉으니, 곧 박 교수도 맞은편 자리에 앉는다.
　지난주에 각자에게 있었던 생활 이야기들을 잠시 나눈 후에 곧 오늘의 주제로 들어간다.

박 교수: 보자, 오늘은 무슨 이야기부터 시작한다?
　그렇지, 이제 성 양도 에너지에 대한 전반적 지식, 핵융합의 원리, 그리고 플라스마라는 물질 상태의 특성 등에 대하여도 상당한 지식이 축적되었을 테니까, 오늘은 보다 실질적인 관점에서 이들에 의한 핵융합 장치가 어떤 원리와 구조로 이루어져 있는가 하는 내용과 현재 선진국을 비롯해 세계 각국에서 설치하였거나 설계 중인 장치들은 어떤 것들이 있는

가 하는 내용을 실례로 들어가면서 설명하는 것부터 시작해 보도록 할까요?

성 양: 예, 부탁드리겠어요.

 그렇지 않아도 오늘은 핵융합 장치의 실체를 직접 확인할 수 있을 것 같아서 잔뜩 기대를 하고 왔습니다. 지난 시간의 마지막 부분에서 교수님께서 저를 그렇게 설레게 하셨으니까요. 그러나 교수님께서 지금 말씀하신 내용 중에서 제가 예비지식을 많이 축적하였을 것으로 간주하신 부분은 아직 선뜻 동의하기가 힘들 것 같네요. 호호호.

박 교수: 아무튼 좋습니다.

 내 판단으로는 지금까지 성 양이 습득한 예비지식이 합격선을 넘었을 것으로 생각한 거니까 너무 부담을 갖지 말고 들어주시오.

성 양: 예, 그럴게요.

박 교수: 우선, 가벼운 원소들인 수소와 그 동위원소들, 그리고 헬륨과 그 동위원소들의 원자들을 충분하게 고온으로 해주면, 그들이 플라스마 상태가 되어서 에너지가 높은 원자핵들이 존재하게 되겠지요? 이들이 다시 충분하게 빽빽한 밀도로 일정한 공간에 일정한 시간 동안 갇혀 있게 되면, 각 원자핵들은 대단히 뜨거운 상태에서 대단히 빠른 운동을 하게 될 거예요. 그러다가 이들 원자핵들끼리 서로 충돌하는 경우가 생기겠지요? 이때 충돌할 확률은 이 원자핵들(플라스마)의 온도, 밀도, 그리고 갇히는 시간과 깊은 관계가 있어요.

 지지난 번 시간(5장 참조)에 핵융합 반응이 일어날 플라스마의 조건을 자세하게 설명했는데 기억이 납니까?

성 양: 예, 희미하게 기억이 납니다.

핵융합이 일어날 점화 조건을 설명하셨지요. 이 조건을 어떤 사람의 이름을 따서 누구의 기준이라고도 하셨는데 누군지 모르겠군요.

박 교수: 그래요. 그걸 '로슨 기준'이라고 했지요.

핵융합 반응이 가능하려면 좀 전에 말한 가벼운 원자핵들로 이루어진 플라스마가 정해진 어떤 공간에서 수억 도 이상의 온도와 cc당 10^{14}개 이상의 밀도인 상태로 최소한 수 초 이상의 시간 동안 가두어져 있어야 하다고 했지요?

성 양: 예, 그러한 조건을 핵융합의 점화 조건, 또는 로슨 기준이라고 하는군요. 지난번에 들었는데 또 까먹었습니다.

그러면 교수님, 이제 그 조건은 잘 알겠습니다만, 왜 이러한 핵융합 에너지를 '꿈의 에너지'라고 부를 수 있게 되는 거예요?

박 교수: 드디어 이제 '꿈의 에너지'라는 환상의 여행으로 접어들게 되는군요.

자 그럼, 전에 대화했던 내용들을 다시 한 번 복습해 볼까요? 지난주에 자세하게 설명했지만 새로운 에너지 자원이나 현재 우리가 주로 사용하는 에너지 자원들을 앞으로 계속하여 사용하려면 어떠한 문제점들이 있다고 했던가요?

성 양: 잘 생각이 나지 않습니다만, 우선 공해 문제를 들 수 있겠군요.

박 교수: 요즈음 보도에서 공해 문제를 계속하여 대서특필해 대

니까 그것이 먼저 머리에 떠오르는 모양이군요. 공해 문제도 물론 큰 문제임에는 틀림없지만 지금 우리 대화의 주 내용은 에너지이니까 에너지의 관점에서 살펴보는 것이 좋겠군요.

자, 그럼 여기서 공해란 말과 에너지란 말이 나왔으니 공해와 에너지의 관계에 대하여 잠시 생각해 봅시다.

현대 문명사회는 이 두 가지 요소와 항상 함께 하면서 발전해 오고 있어요. 우리 대화의 처음 부분에서 말했지만, 우리 인류의 생활을 더욱 발전되고 윤택하기 위해서는 더욱 많은 에너지를 개발하여 이용(전환)해야 되겠는데, 지금까지 이용해 왔거나 새로운 에너지 자원으로 열거한 것들은 대부분이 이 두 요소를 공유하고 있어요. 즉 에너지를 많이 이용(전환)할수록 거기에 따라서 공해도 많이 배출된다는 말입니다. 그러니 이 두 요소는 각 각 분리해서 생각할 수 없는 존재들이에요. 에너지는 우리 인류에게 필요한 것이므로 적극 개발해야 하나, 거기에 수반하여 나타나는 공해는 글자 그대로 해만 끼치니 억제시켜야 하는 부정적 존재니까 아주 난감해진단 말입니다.

이러한 사실들은 지금 이 순간에도 우리 주변에서 쉽게 접할 수 있는 일들 아닙니까? 공해가 저절로 발생합니까? 각 산업체에서 과거보다 더 많은 양질의 제품들을 생산하는 과정에서 더 많은 에너지를 이용하다 보니까 그만큼 공해도 더 많이 발생하는 거지요. 내가 어릴 때만 해도 공해라는 말 자체가 없었을 정도로 공해와는 아무 상관없는 자연 속에서 있는 그대로 살았단 말입니다. 그런 점은 지금 생각해도 그립기까지 하답니다.

성 양: 그런 점은 비단 에너지와 공해의 관계만으로 국한시킬 것이 아니라 더욱 확대시킨다면 산업화와 공해의 관계로 일반화시킬 수도 있겠네요.

교수님께서 공해가 없었던 어린 시절을 회상하시면서 흐뭇해하시는 모습을 뵙게 되니, 뭔지 확연하게는 잡히지 않지만 정말 그 시절이 좋았겠다 싶은 막연한 감은 오는 것 같군요.

박 교수: 막연하게나마 동의를 해주니 고맙군요.

아무튼, 유명한 어떤 석학은 현대 우리 인류가 직면한 위기를 3P로 표현한 일이 있어요. 이 3P란 에너지 자원(power), 공해(pollution), 인구 문제(population)의 영문 첫 글자를 따서 나타낸 말이에요. 지금 우리가 이야기하고 있는 내용과 상통하는 말이기도 하지요.

이 3P 중에서 공해와 인구 문제는 가급적 억제시켜서 없애는 방향으로 추진되어 나가야 하겠지만, 에너지 자원은 적극적으로 개발해 나가야 할 인류 존립과 관계되는 중대한 문제인 거예요. 지난주(5장 참조) 이야기의 앞부분에서, 현존하는 에너지 자원의 주종인 화석연료나 새로 개발될 에너지들로는 우리 인류의 미래의 에너지 문제를 근본적으로 해결할 수 없다고 했지요? 그 이유 중에서도 가장 심각한 점은 현재의 에너지로는 앞으로 기하급수적으로 증가할 에너지의 수요에는 어림도 없을 만큼 그 양의 절대량이 적다는 사실을 꼽을 수 있어요. 그 외에 이들 에너지의 존재가 지구 위에서 지역적으로 편재되어 있는 점과 공해를 심하게 배출하는 것들이 많다는 결점도 있지만, 양적인 부족에 비한다면 덜 심각한 문제로 취급해도 좋을 거예요.

성 양: 교수님께서 지난주부터 자꾸만 앞으로는 에너지 공급이 절대 부족하여 에너지 공황 현상이 올 것이라는 점을 강조하면서 겁을 주시는데, 그러면 그 대안은 없는 겁니까? 혹시 꿈의 에너지, 핵융합이 그 해결책이 된다는 말씀을 하시려는 건 아닙니까?

박 교수: 역시 빠르군. 바로 그겁니다.

지난 번(2장)에 앞으로의 에너지 수급 전망을 자세하게 설명했듯이, 다음 세기인 21세기 중반쯤에는 지금 사용하고 있는 에너지 자원으로는 어림도 없고, 기타 개발하고 있는 에너지 자원으로도 도저히 감당할 수 없게 될 것으로 전망하고 있지 않아요?

그처럼 방대한 에너지 수요에 감당할 수 있는 유일한 대안은 바로 핵융합 에너지뿐이에요.

성 양: 그만큼 많은 에너지 자원을 핵융합에서 얻을 수 있다는 말씀이신 것 같은데, 도대체 어디에서 그렇게 많은 에너지를 얻을 수 있는 거예요?

박 교수: 놀랍게도 그 에너지의 연료는 '물'이에요.

사람들은 가끔 이러한 공상을 누구나 한 번쯤 해보게 될 거예요. 우리 주변에서 언제나 접하게 되는 물을 연료로 한 동력, 즉 에너지를 얻어 보려는 꿈 말이에요. 물을 연료로 하는 동력 장치의 개발을 누구나 한 번쯤 상상해 봄직 하지 않습니까?

그런데 이것이 단순한 공상만으로 끝나지 않고 멀지 않아 현실적으로 실현될 전망이라는 말입니다.

성 양: 물에서 동력을 얻는다? 그거 정말 대단한 사건이 되겠군요. 봉이 김선달 같은 사람이 다시 많이 등장하겠군요. 호호호.

박 교수: 아니, 그런 사람들이 필요 없을 만큼 지구상에는 바닷물을 비롯해 방대한 양의 물이 있기 때문에 그런 걱정은 하지 않아도 될 거예요. 허허허.

성 양: 그렇다면 다행이지만……. 그런데 교수님, 정말로 맹물을 그대로 연료로 사용할 수 있어요?

박 교수: 아니, 그렇게 단순하지는 않아요. 자연이 우리 인간에게 그렇게 호락호락하지도, 달콤하지도 않으니까요. 핵융합 반응 장치가 물을 액면 그대로 모두 연료로 사용하는 것이 아니고, 물속에 함유하고 있는 중수소를 추출하여 사용하는 거예요. 물에서 중수소를 추출하는 것은 그다지 힘든 일이 아니에요. 지금 가동하고 있는 원자력발전소 중에서 중수를 사용하는 중수형 원자로가 있다고 했지요? 그것은 바로 중수소를 가진 물이므로 거기에서 중수소를 분리해 내면 되니까요. 마치 물(경수)을 전기분해 하여 수소를 분리해 내는 원리와 같다고 생각하면 쉽게 이해할 수 있겠지요?

성 양: 예, 그렇게 하면 되겠네요.
 그러면 교수님, 물속에 중수소가 얼마나 함유되어 있기에 그렇게 많은 에너지를 감당할 수 있단 말입니까?

박 교수: 물속에 중수소가 함유된 비율은 그다지 높다고 볼 수는 없지만, 이 지구상에는 워낙 방대한 양의 물이 존재하고, 또 중수소는 소량만으로도 핵융합 반응을 일으키면 엄청나게

많은 에너지를 얻을 수 있기 때문에, 전체로 보면 굉장히 많은 에너지가 되는 거예요.

그러면 실례를 들면서, 지구상의 물속에 함유된 중수소로 얻을 수 있는 에너지의 총량을 살펴보고, 이 양으로 우리 인류가 지상에서 문명 생활을 계속하였을 때 지탱해 갈 수 있는 시간을 알아봅시다.

지구 위에 있는 물의 대부분은 바다에 있으므로 바닷물을 생각해 봅시다.

바닷물 $1m^3$ 속에 함유된 중수소는 약 33g이 됩니다. 그런데 이러한 중수소 1g으로 핵융합 반응을 시킬 때 방출하는 에너지를 석유로 환산하면, 약 50드럼 통 분량인 10㎘나 돼요. 그러니까 바닷물 $1m^3$ 속의 중수소를 모두 뽑아서 핵융합 연료로 사용하여 에너지를 만들면 석유 약 1,700드럼 통 분량이나 되는 에너지양이 되는 거랍니다.

그러므로 지구상의 바닷물을 비롯한 전체 물의 양을 계산하면 물속에 함유된 전체 중수소의 양을 알 수 있을 것이고, 이때 중수소를 핵융합의 연료로 했을 때 방출하는 전체 에너지도 산출할 수 있겠지요?

여기에서 그 구체적인 계산 과정은 생략하고, 전문가들이 산출한 결과를 인용해 보면 이렇게 돼요.

앞으로 우리 지구상의 전 인류가 문명사회를 유지하기 위하여 필요한 에너지 소비량의 상한을 매년 15Q(현재 매년 0.2Q) 정도로 보고, 지구상의 전체 물에 들어 있는 중수소에 의한 핵융합 반응 에너지를 산출하면 무려 10억 년 동안이나 넉넉하게 사용할 수 있다는 계산이 나오게 되지요.

어때요, 이 정도의 양이라면 거의 무한정한 에너지 자원이라고 할 만한 것 아닙니까? 이 양이면 우리 자손 대대로 오랫동안 적어도 에너지 문제만은 신경 쓰지 않아도 되겠지요?

그러므로 현재 우리 인류가 직면하고 있는 에너지 위기를 극복하고, 앞으로 더욱 가속화하는 문명의 발전과 번영을 누리기 위하여 제어 핵융합 반응에 의한 에너지 개발은 기필코 성공시켜야 할 과제임에 틀림없습니다. 그래서 지금 이 순간에도 여러 나라에서 막대한 예산과 두뇌를 투입하여 각 대학이나 연구소에서 이 과제를 해결하려고 끊임없이 연구를 계속해 나가고 있는 중이에요.

성 양: 예, 그렇겠군요. 과연 꿈의 에너지라 부를 만하군요. 이제야 그런 용어를 사용하게 된 이유를 충분히 이해하겠습니다.

그러면 교수님, 이러한 중수소를 이용해서 핵융합을 어떻게 일으키는지 좀 더 자세하게 말씀해 주실 수 없겠습니까? 그 반응 과정을 중심으로 하여 좀 더 구체적으로 설명해 주십시오.

박 교수: 그렇게 합시다.

핵융합 반응을 일으키는 기본 원리는 지난 주(5장 참조)에 비교적 자세하게 설명했으니까 그것으로 대신하기로 하고, 오늘은 플라스마에 의하여 핵융합 반응을 일으킬 때 실제로 일어날 수 있는 핵융합 반응에는 어떤 종류들이 있으며, 이들의 장단점과 전망 등을 살펴보기로 해요.

여기서 박 교수는 잠시 자리에서 일어나 책상 쪽으로 돌아가서 책꽂이에서 OHP용 TP자료들을 모아둔 자료 파일을 한 권

$$_1D^2 + {_1}T^3 \longrightarrow {_2}He^4 + {_0}n^1 + 17.58 MeV \quad D-T$$

$$_0n^1 + {_3}Li^6 \longrightarrow {_2}He^4 + {_1}T^3 + 4.80 MeV$$

$$_1D^2 + {_1}D^2 \longrightarrow {_1}T^3 + {_1}P^1 + 4.04 MeV \quad D-D$$

$$_1D^2 + {_1}D^2 \longrightarrow {_2}He^3 + {_0}n^1 + 3.27 MeV \quad D-D$$

$$_1D^2 + {_2}He^3 \longrightarrow {_2}He^4 + {_1}P^1 + 18.34 MeV \quad D-He^3$$

$$_1P^1 + {_3}Li^6 \longrightarrow {_2}He^4 + {_2}He^3 + 4.0 MeV \quad P-Li^6$$

$$_1P^1 + {_5}B^{11} \longrightarrow 3{_2}He^4 + 8.68 MeV \quad P-B^{11}$$

〈그림 7-1〉 가능한 제어 핵융합 반응들

꺼내더니 다시 자리에 되돌아와서 앉는다. 자료 파일을 탁자 위에 얹어둔 박 교수는 목이 말랐던 터라 다시 책상 쪽으로 가서 오렌지 주스 캔 두 개를 꺼내 와서 성 양과 같이 나누어 마신다.

음료수를 다 마신 다음에, 박 교수는 탁자 위에 두었던 TP 자료 파일을 집어서 뒤적이다가 그 중에서 한 장을 꺼내어서 A4 백지 위에 그것을 받쳐 놓은 후에 다시 설명을 이어나간다.

박 교수: 이 자료(그림 7-1)를 보면서 알아봅시다.

지금까지 알려진 것으로, 지구상에서 인공적으로 일으킬 수 있는 제어 핵융합 반응의 종류를 여기 이 식들로 나타낼 수 있어요.

성 양: 모두가 기호와 숫자들뿐이라서, 저는 이것을 봐도 뭐가 뭔지 모르겠습니다. 눈뜬장님이 따로 있는 게 아니군요. 눈뜨고 들여다봐도 전혀 모르겠으니 장님과 다를 게 뭐가 있겠어요? 호호호.

박 교수: 허허허. 그렇겠지요. 그러니 지금부터 내가 하나하나 설명을 할게요.

우선 이 식들에서 영문 글자는 여러 원자핵과 핵자들을 나타내고 있어요. 즉 D는 중수소, T는 삼중수소, He는 헬륨, Li는 리튬, B는 붕소의 원자핵을 각각 말하고, P는 양성자 그리고 n은 중성자를 나타내고 있어요. 그리고 각 영문자 왼쪽 아래에 표시한 숫자는 원자번호, 즉 양성자의 수를, 또 오른쪽 위에 표시한 숫자는 질량수, 즉 양성자와 중성자를 합한 전체 핵자의 수를 각각 나타내고 있어요. 각 식들의 가장 오른쪽 항에 나타낸 숫자로 된 값이 바로 그 각 반응당 방출할 에너지 값이랍니다.

이처럼 제어 핵융합 반응도 한 가지만 있는 것이 아니고 몇 가지 반응으로 일어날 수가 있는 거예요.

〈그림 7-1〉의 첫째 식과 둘째 식으로 나타낸 반응을 D-T 반응 또는 제1세대 핵융합 반응이라고 불러요. D-T 반응이란 글자 그대로 중수소인 D와 삼중수소인 T가 핵융합 하는 반응이라는 뜻이고, 제1세대란 이 D-T 반응이 가장 먼저 성공할 가능성이 크기 때문에 그렇게 불러요. 첫째 식과 둘째 식을 한꺼번에 뭉쳐서 D-T 반응으로 취급하고 있는데, 그 이유는 이래요. 우리가 살고 있는 이 지구상에서 삼중수소 T가 자연 상태로 존재하지 않기 때문에 D-T 반응을 일으키기 위해서 그 연료인 T를 인공적으로 제조하여서 공급해야 하는 겁니다. 그러므로 이 둘째 식으로 나타낸 반응으로 T를 생산하여 첫째 식의 공급하게 돼요.

그러니까 D-T 반응을 연속적으로 일으키게 하려면 자연에서 얻는 D와 둘째 식에 의하여 만들어지는 T를 첫째식과 같은 핵융합 반응에 공급하여 그 반응을 일으키고, 이 결과로 발생하는 중성자 n을 다시 둘째 식에 공급하여 리튬과 반응하게 하여 헬륨과 T를 만들어요. 이 T가 다시 첫째 식에 반응하게 하고……. 이러한 과정이 되풀이되면서 각 반응마다 17.58MeV와 4.80MeV의 에너지를 얻을 수 있겠지요? 그래서 D-T 반응은 첫째 식과 둘째 식이 순환적(cyclic)으로 일어나는 과정으로 보면 될 겁니다.

그리고 이 D-T 반응은 다른 반응들에 비하여 큰 반응 단면적을 가져서 반응을 일으키기가 쉬울 뿐만 아니라 에너지의 발생량도 다른 반응들보다 커요. 또 가장 낮은 점화 온도와 가장 낮은 가둠 조건으로 반응이 가능하니까 실험로에 우선 적합한 반응으로 알려져 있어요.

그러나 이 D-T 반응이 몇 가지 결점을 내포하고 있기 때문에 결국은 D-D 반응이나 또 다른 반응을 이용해야 되겠지만, 그러한 반응들은 이 D-T 반응보다 점화 조건이 약 100배 정도 더 까다롭기 때문에 우선은 D-T 반응을 이용한 핵융합 반응을 당분간 사용하게 될 거예요.

성 양: D-T 반응의 결점은 어떤 것들이 있죠?

박 교수: 세 가지 정도를 들 수 있어요.

지금까지 이야기한 내용에서 약간만 생각하면 알 수 있는 것들인데, 우선 T가 자연 상태로 존재하지 않기 때문에 인공적으로 제조해야 하는 점을 들 수 있고, 둘째로는 이 T의 제조 문제와도 관련이 있지만, 리튬을 장치 내에 미리 설치해 두어야 하는 번거로움과 리튬 자원의 한정성을 들 수 있으며, 셋째로 D-T 반응에서는 첫째 식을 보면 알 수 있듯이 고속의 중성자가 발생하여 반응로의 벽을 손상시키거나 방사능을 방출하는 점들이 그것들이에요.

성 양: 예, 그렇군요. 무엇보다 방사능 공해가 발생한다면 그건 곤란하지요. 이 D-T 반응은 안 되겠군요.

박 교수: 일반 시민들이 모두 그렇듯이 성 양도 공해 문제에 대단히 민감하군요. 물론 공해에 대하여 충분하게 대비하고 예방해야 되겠지만, 확실한 지식을 가지고 대처해야 할 것 같아요. 특히 방사능에 대해서는 자세한 지식도 없는 상태에서 그저 핵폐기물 또는 방사능이라는 말만 들어도 거의 무조건적으로 알레르기 반응만 일으키는 것 같아서 안타까운 경우도 많답니다. 보다 더 확실한 지식으로 잘 대처한다면 지금과 같은 과민성 반응까지는 하지 않아도 될 것 같아요.

그건 그렇고, 이 D-T 반응에서 발생할 방사능은 충분한 차폐 시설을 설치하고 예방하므로 현재 가동 중인 핵분열형 원자력발전 시에 발생할 방사능에 비하면 그 정도가 아주 약하기 때문에 걱정하지 않아도 된다고 전문가들이 진단하고 있어요.

D-T 반응은 이러한 몇 가지 결점을 지니고 있지만 핵융합 반응을 성공시키기 위한 가장 쉬운 반응이므로 우선 이 반응부터 성공시키려고 노력하고 있답니다. 그래서 현재 선진국을 중심으로 전 세계에서 설치하고 있거나 앞으로 상당 기간 동안에 설치할 핵융합 장치는 이 D-T 반응에 의한 핵융합을 그 목표로 하고 있는 거예요. 그러므로 이 D-T 반응을 제1세대 핵융합 반응이라고도 하지요.

성 양: 그럼 제2세대, 제3세대 핵융합 반응도 있다는 말씀이신가요?

박 교수: 물론 있지요. 좀 전에 말했듯이 D-T 반응은 우선 일으키기는 쉽지만 그 연료인 T가 자연에는 존재하지 않는 등 피할 수 없는 결점을 수반하기 때문에, 결국은 자연에 존재하는 연료로 가동할 수 있는 핵융합 반응을 이용해야만 하겠지요. 그러기 위하여 자연에 존재하는 D만을 연료로 하는 반응을 도입해야 할 겁니다.

〈그림 7-1〉의 셋째 식과 넷째 식을 한 번 봐요. 이들 식에서 왼쪽 변에 나타낸 것들이 반응 전에 소요되는 연료를 뜻하는데, 모두 D만으로 되어 있지 않습니까? 핵융합에너지가 실용화 단계에 접어들 시기에는 결국 이러한 반응인 D-D 반응으로 에너지를 얻어야 할 거예요. 그래서 이 D-D 반응을 제2세대 핵융합 반응이라고도 합니다.

그 다음, 나머지 다섯째, 여섯째, 일곱째 식들을 통틀어서 제3세대 핵융합 반응이라고 부르기도 하는데, 이러한 반응들은 D-D 반응에 의한 핵융합로를 실용화시켜서 잘 활용한 후에 더 나중에 개발해야 할 고급(advanced) 핵융합 반응이라고도 해요. 또한 이 제3세대 핵융합 반응은 그 발전 방식이 D-T 반응이나 D-D 반응에 의한 발전 방식과 달라서, 전하를 가진 반응 물질을 직접 이용하여 효율이 좋은 전력을 얻어내려는 방법을 채택하려고 검토하고 있는 것들입니다.

성 양: 그러니까 이 그림에 나타낸 반응 종류에 따라서 핵융합 장치의 구성이나 발전 방식도 차이가 있다는 말씀이시군요.

박 교수: 그래요. D-T 반응은 우선 제어 핵융합 반응을 가장 먼저 성공시킬 반응이므로, 이러한 반응을 '실험로'에 도입하게 될 겁니다. 그러나 결국은 T나 리튬이 필요하지 않고, 순수한 D만에 의한 제어 핵융합 반응으로 실용화시켜야 할 것이므로 '실용로'를 개발해야 할 거예요.

그러니까 지금부터 각종 핵융합 반응으로 핵융합로를 개발하게 되겠는데, 편의상 그 개발 과정을 순서대로 열거해 보면 다음과 같아요. 먼저 '시험로'를 개발하여 시험해 보고, 다음에 '실험로'를 설치하여 충분하게 실험해 보면서 검토한 후에, 마지막으로 '실용로'를 가동시켜서 직접 이용한다는 계획이에요. 그렇게 실용로를 가동시켜 나가면, 그때는 에너지 문제에 대한 염려는 없을 테니까, 여유 있고 푸근하게 더 '고급 핵융합로'의 개발도 생각해 보자는 겁니다.

성 양: 핵융합에너지 개발에 대하여 이미 단기 또는 장기 계획이 아주 잘 수립되어 있는 것 같군요.

그런데 교수님, 핵융합에너지를 얻어내는 장치인 핵융합로는 대체 어떻게 구성되어 있고 어떤 방법으로 에너지를 뽑아내는 거예요?

박 교수: 아, 그렇군요. 아직까지 핵융합로의 구조와 발전 원리를 말하지 않았군요.

그 전에 먼저 양해를 구해야 할 점은, 지금 이 시점의 핵융합로 개발이 아직은 초보 단계에 불과하고, 아직 해결하지 못한 복잡한 문제가 한두 가지가 아니므로, 지금 당장 완성된 핵융합로의 구성과 원리를 제시한다는 것은 불가능해요. 다만 이 분야의 전문 연구자들이 지금 지적한 복잡한 문제들이 예상대로 잘 해결된다고 보고 연구 설계해 본 결과로 얻어낸 개념 구성을 제시하고 있어요.

박 교수는 아까 꺼내온 TP 파일을 뒤적이다가 또 한 장을 뽑아내어 백지 위에 올려놓아 잘 보이도록 해놓고 설명을 계속한다.

박 교수: 이 그림(그림 7-2)이 전문가들이 연구 설계한 핵융합로의 개념 구성이에요. 같이 한 번 살펴봅시다.

가장 중심부에 노심플라스마를 일단 발생시켜야 하겠지요. 지금까지 말한 D나 T를 각 50%씩 포함하는 연료를 핵융합반응의 점화 조건이 될 플라스마 상태로 만들어 이 노심플라스마로 사용하는데, 이들 연료의 계속적 공급은 이 그림의 왼쪽에 나타낸 연료 공급계에서 하고, 이때 T는 자체에서 생산한 것을 회수하여 이 윗부분에 나타낸 것처럼 회수계를 통하여 다시 연료 저장계로 공급하게 됩니다.

이 노심플라스마는 워낙 고온이기 때문에 자기장으로 일정 공간에 한정되어 가두어질 수 있도록 해주고, 그 바깥에 제1벽을 설치하여 진공을 유지할 뿐만 아니라 그릇 역할을 하도록 만들었어요. 이때 노심플라스마는 초고온이며 불순물이 혼입되는 것이 절대 금물이므로 플라스마는 진공 배기계에 의한 고진공의 용기인 제1벽보다 안쪽에 고립되어 들어있어야 해요.

이 제1벽 밖에는 리튬이 함유된 블랭킷이 설치되어 있는데, 이것은 핵융합 반응에서 생성되는 고에너지의 중성자를 흡수하여 열에너지로 변환시키는 부분인 동시에, 날아온 중성자가 리튬과 반응하여서 자연에 존재하지 않는 T를 생산하

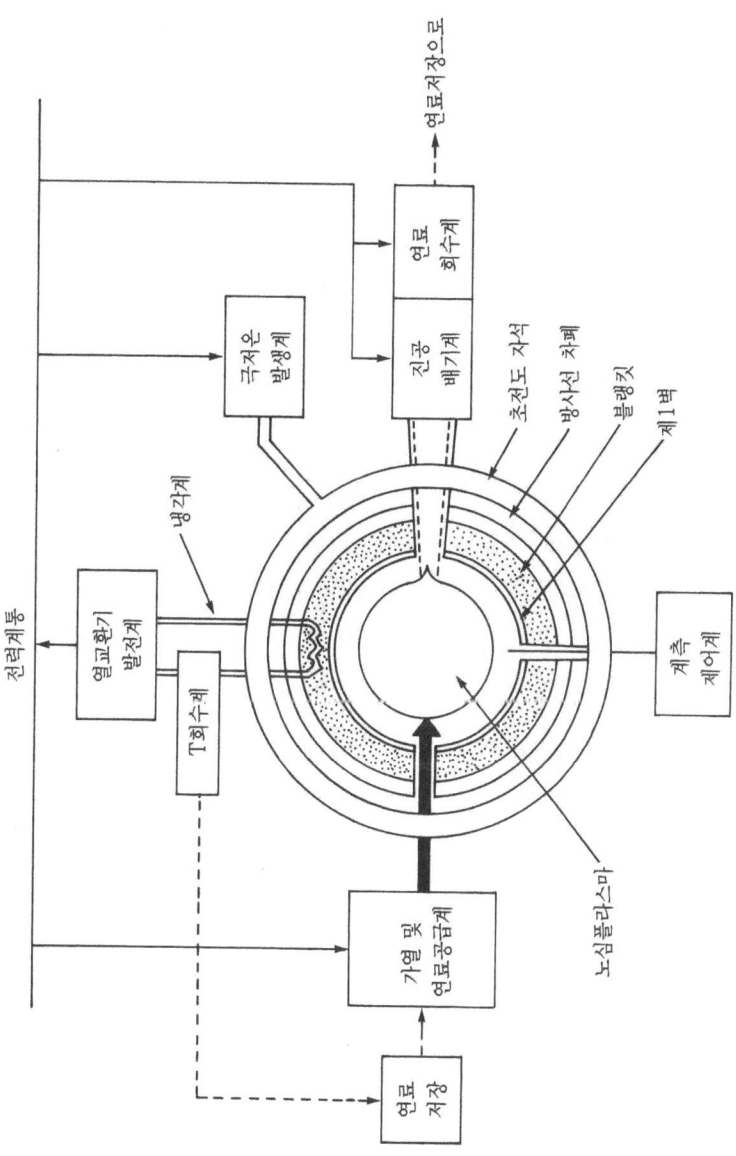

〈그림 7-2〉 개념설계에 의한 핵융합로의 구성

여 D-T 반응의 연료로 사용하도록 만드는 부분이지요.

블랭킷 밖에는 고속 중성자나 방사선을 차폐하는 차폐층을 두고, 그 바깥에 플라스마 가둠용의 자기장을 만들기 위한 초전도체 코일이 설치되어 있어요. 이러한 장치 속에서 핵융합 반응이 연속적으로 일어나고, 블랭킷에 발생한 열을 그림의 위쪽에 나타낸 열교환기와 발전기를 이용하여 전력으로 변환시키는 겁니다.

그 밖에 열 교환을 위한 냉각계, 초전도체 코일의 냉각용 극저온 발생계, 각종 측정이나 노의 운전 시 제어를 위한 계측 제어계 등 이 노의 주변에 잡다하게 붙게 되고, 초고온 플라스마 상태를 지속시키기 위한 가열 장치도 설치되어서 아주 복잡하고 거대한 시설이 된답니다. 이 개념 설계에 의한 구성은 그림과 같이 단순화시켰는데 실제는 훨씬 복잡한 장치랍니다. 현재 건설한 실제 장치의 규모와 구성은 다음 시간에 더 자세하게 알아보도록 하지요.

성 양: 예, 부탁드리겠습니다. 그런데 지금 교수님의 말씀을 들으니까 핵융합에너지도 결국은 전력으로 얻게 되는 것 같은데요?

박 교수: 맞아요. 우리들이 사용하는 거의 대부분의 에너지 변환 장치들은 결국 전기에너지로 만들어서 사용해야 가장 편리할 뿐만 아니라 대용량화할 수 있기 때문에 그렇게 하는 거예요. 수력 발전이나 화력 발전이 물의 위치에너지나 화석연료(석탄, 석유, 가스)를 태운 열에너지를 전기에너지로 변환시키는 것과 마찬가지로, 지금 가동하고 있는 원자력(핵분열형) 발전도 우라늄이나 플루토늄이 핵분열할 때 방출하는

많은 원자력 에너지를 열에너지로 바꾸고, 이것으로 증기를 발생시켜 터빈을 회전시켜서 발전기로 발전한다는 사실을 며칠 전에 설명했으니까 아마 기억이 날 겁니다.

성 양: 예, 기억납니다. 아, 그러니까 원자력 발전소를 한국전력공사가 운영하고 있군요.

박 교수: 맞아요. '원자력'이란 말이 붙어 있지만 결국은 '전력'을 생산(변환)하기 때문에 한전에서 운영, 관리하고 있지요. 가끔 원자력연구소와 미묘한 문제들 때문에 알력도 있긴 하지만…….

성 양: 예, 평소에 궁금했던 점을 또 한 가지 알게 되었습니다. 그런데 교수님, 이러한 핵융합로의 개발을 성공시키려면 아직 해결되지 않은 복잡한 문제들이 많다고 아까 말씀하셨는데 구체적으로 어떤 것들이 있는지 좀 말씀해 주실 수 있겠습니까?

박 교수: 어머나, 이제 성 양이 겁도 없이 제법 깊은 내용까지 짚고 들어오는군. 이러다가 잘하면 핵융합 전문가가 또 한 사람 생기겠네. 허허허.

어쨌거나 좋아요. 그 미해결된 문제점들을 너무 전문적으로 알아보려면, 듣는 성 양도 이해하기 힘들 것이고, 설명하는 나도 힘드니까 여기서 간략하고도 쉽게 이야기하도록 할게요.

앞의 그림에서 핵융합로의 개념 구성을 단순화시켜서 살펴보았는데, 이것을 구성하고 있는 요소에 따라서 크게 노심플라스마, 제1벽과 구조재, 블랭킷과 차폐층, 그리고 초전도코

일과 그 부수장치의 네 부분으로 크게 나눌 수 있어요. 이 네 부분에서 미해결된 문제점들을 각각 간략하게 살펴봅시다.

우선 노심플라스마는 핵융합 반응이 일어날 점화 조건을 만족시킬 정도로 고온, 고밀도로 일정 시간 이상 갇혀 있어야 하는데, 그 조건을 만드는 일이 가장 중요한 일이면서도 상당히 어려운 문제로 남아 있어요. 최근에 유럽공동체가 건설하여 실험 중인 JET라는 토카막 장치에서 이 조건에 거의 근사하게 접근하여 출력 에너지를 얻었다고 할 정도로 이제 곧 점화 조건이 달성되기 직전까지 왔지만, 아직도 더 많은 연구가 필요해요. 특히 플라스마를 더욱 가열시켜 주어서 고효율을 얻을 수 있게 하는 가열 장치의 개선이 가장 큰 문제예요. 그 외에도 새 연료를 냉각되지 않게 보다 유효하게 공급하는 방법의 개발, 노심으로부터 도망가는 플라스마의 처리 등등이 노심플라스마의 문제점이지요.

다음으로 제1벽과 구조재는 고온플라스마와 가장 가깝게 있어서 비록 이들 사이에 꽤 두꺼운 진공층이 있다고 해도 핵융합 반응에서 발생하는 알파입자, 중성자, 엑스선, 감마선 등의 방사선과 가장 접촉이 심한 곳이므로 초고온에서 잘 견디는 것은 물론이고, 부식에 강한 재료를 개발해야 하지요. 다시 말해서 제1벽 재료를 선택함에 있어서는 기계적, 화학적, 열적 및 핵방사능 등에 대한 여러 특성을 충분하게 고려하여 신소재를 개발해야 됩니다.

그 다음, 블랭킷과 차폐판은 고속 중성자를 받아서 열로 변환시키는 기능, 연료 중에서 T를 증식시키는 기능, 초전도 코일이 중성자나 감마선의 쪼임을 받지 않도록 차폐하는 기능 등의 세 가지 기능이 있어요. 이 세 가지 기능을 가장 잘 만족시킬 재료의 개발 및 그 특성에 관한 연구가 이루어져야 할 거예요. 현재까지의 연구 결과에 의하면 리튬이 가장 유망한 것으로 알려져 있답니다.

마지막으로, 초전도 코일은 플라스마를 잘 가두어두기 위하여 강한 자기장을 발생시킬 목적으로 노의 가장 바깥에 설치합니다. 보통의 구리 코일을 사용하여 핵융합 조건에 충분한 플라스마를 가둘 자기장을 형성시키려면 출력보다 오히려 더 큰 입력 전력이 필요하다는 계산이 나오기 때문에, 핵융합로에서는 초전도체 코일의 사용이 불가피한 거예요. 따라서 성능이 좋은 초전도체의 개발과 극저온물성 재료에 관한 기술 연구가 필수적으로 수반되어야 할 겁니다.

이와 같이 핵융합로를 성공시키기 위하여 해결해야 할 과제를 장치의 네 부분으로 나누어서 살펴보았는데, 그 어느 것 하나 만만하지가 않고 복잡해요. 그리고 실용화되기까지는 이러한 과제 외에도 다른 잡다한 문제점들이 제기될 것으로 예상하고 있어요.

아무튼, 앞으로 이러한 모든 과제나 문제점을 해결하기 위해서는 모든 분야의 이공학이 총동원되어야 가능할 겁니다. 현대 과학의 특징이 바로 종합과학화해 간다는 거지요. 이제 새로운 분야의 과학 연구를 착수하려면 같은 전공자들만의 연구 집단으로는 좋은 성과를 기대할 수 없어요. 어떤 연구가 국가적 프로젝트이거나 국제 공동의 대형 프로젝트일수록 학제 간에 협동연구의 필요성이 더욱 절실해지는 거예요. 그 대표적인 예시가 바로 이 핵융합로의 개발 프로젝트일 겁니다. 다음 시간에 다시 자세하게 말하겠지만, 핵융합 장치가 워낙 거대하고 복합적 장치이므로 모든 분야의 이공학을 전공한 전문가들이 다수 투입되고, 방대한 재료와 예산도 투자되어야 할 것입니다.

성 양: 지구상에서 우리 인간들이 거의 무한정한 에너지를 얻으려면 그렇게 간단하지는 않을 것으로 예상은 하지만, 정말 앞으로 해결해야 할 일들도 많고 다방면의 과학적 지식과 연구도 총동원 되어야 할 것 같군요. 결국 좋은 발상과 시도로 꼭 개발해야 할 과제임에는 틀림없는데, 쉽지는 않다는 말씀이시군요.

그러면, 현재 전 세계에 걸쳐서 어떤 곳에서 어떤 장치가 설치 또는 연구되고 있는지요? 또 어느 정도로 진척되어 가고 있는지요?

박 교수: 예, 그런 점들이 궁금하겠지요. 그렇지만 장치들의 설치 현황이나 전망 등은 다음으로 미루고, 그 이전에 장치의 종류부터 먼저 알아보는 것이 순서일 것 같군요.

성 양: 예? 장치도 여러 가지 종류가 있다는 말씀입니까? 반응의 종류에 따른 분류 말고, 장치 자체에 따른 차이도 있습니까?

박 교수: 예, 있어요. 앞에서는 핵융합 반응의 종류와 점화 조건만 말했지, 그 조건을 달성시킬 방법이나 장치는 설명하지 않았잖아요?

그러므로 플라스마를 이용한 핵융합 반응의 점화 조건을 달성시키기 위하여 갖가지 방법을 동원하고 있는데, 그 방법에 따라 여러 가지 장치들을 생각할 수 있어요.

성 양: 아이고 아직도 멀었군요.

이제 핵융합 장치의 개발 현황과 전망을 들으면 슬슬 마무리가 되는지 생각했는데…….

박 교수: 지루할 만도 하겠지요. 벌써 1주일 넘게 딱딱한 자연과학 이야기를 듣고 있으니 어련하겠어요.

그러나 이런 이야기가 자연과학 중에서는 비교적 재미있는 이야기니까 그나마 다행이라오. 물리학 중에서도 정말 어려운 부분을 듣게 되면, 아마 우리의 대화 여행은 출발하자마자 중도하차했을 겁니다. 이제 한 굽이만 더 돌아가면 곧 목적지에 도착하게 될 겁니다. 이 한 굽이를 더 돌아가 봅시다.

성 양: 그런 뜻이 아니었습니다. 교수님 죄송해요.

교수님의 말씀이 곧 마무리되는 것 같아서 지레 짐작만 하고 제가 섣불리 앞서 갔던 것 같습니다. 충분하게 천천히 말씀해 주십시오.

박 교수: 예, 잘 알아 모시겠습니다. 지금까지의 성 양의 태도나 성의를 보면 모릅니까? 자, 계속합시다.

지금까지 개발되어 오고 있고 유망하다고 생각하는 제어 핵융합 반응 장치로는 플라스마를 일정한 공간에 고온 고밀도로 일정 시간 가두어서 그 목적을 달성시키는 자기장 가둠 방식에 의한 장치와, 폭죽에 의하여 급격하게 농밀한 플라스마를 생성하여 그것을 이용하려는 장치로 크게 나눌 수 있어요.

이 중에서 자기장 가둠 방식은 다시 자기장의 구성이나 동작 특성에 따라서 열린계 자기 구성, 닫힌계 자기 구성, 그리고 핀치 및 포커스로 나눌 수 있는데, 이들 각각에 대하여 다시 더 세분하여 수십 종류나 되는 많은 자기장 구성에 따른 장치들을 개발하고 있는 실정이에요.

이러한 장치들에 대하여 자세한 내용은 생략하고, 우리는 여기에서 그 자기장 구성 원리와 그 자기장 속에 플라스마가 가두어질 기초 원리만 간단하게 생각하기로 하겠어요.

성 양: 예, 그렇게 해주십시오.

박 교수: 우선 자기장 가둠 방식 중에서 열린계 자기 구성에 대하여 알아봅시다.

이 구성은 글자 그대로 플라스마를 가둘 자기장의 일부가 장치의 밖으로 나가게 되는 형태의 장치를 말해요. '자기 거울'이 대표적 장치인데 초기에는 단순 자기 거울을 고안했으나, 그 안에서 플라스마의 손실이 너무 커서 가둠 효과가 약화되므로 그 변형들을 구성하여 가둠 효과를 더욱 증대시켜 왔답니다.

이 그림(그림 7-3)에 각종 열린계 자기 구성을 나타내고 있어요.

이 그림의 (1)에 나타낸 것이 단순 '자기 거울' 구성으로, 이 그림과 같이 같은 크기의 원형 코일을 두 개 나란히 같은 축 위에 오도록 배열하고, 이 코일들에 같은 방향으로 전류를 흘려주면 그림의 점선과 같은 자기력선을 가지는 자기장이 형성된답니다. 이 구성의 자기장은 코일 부근에서는 강하고 두 코일 사이 중간 부근에는 상대적으로 자기장이 약하기 때문에, 중간 부근에서 코일이 있는 쪽으로 자기력선을 따라서 운동해 가는 플라스마 입자들은 점점 강한 자기장의 영향을 받게 됩니다. 그러다가 어떤 임계 자기장이 되는 곳에서 플라스마 입자는 더 이상 진행해 가지 못하고 반사되어 되돌아 나오게 돼요. 이때 반사된 입자는 반대편으로 운동해 간 후에 다시 그곳에서 똑같은 반사를 일으키므로 일정한 범위 안에 입자들을 가둘 수 있게 되죠. 따라서 이런 장치를 '자기 거울'이라고 부르게 된 겁니다.

그림의 (2)에서 자기 거울 속에 가두어진 플라스마의 전체 형상을 사진으로 나타내 봤어요. 사진에 나타낸 바와 같이 가운데 중간 부분에 플라스마가 몰려 있고, 양쪽 코일이 있는 곳으로 갈수록 줄어들고 있음을 알 수 있지요. 그 형태가 마치 실 감는 실꾸리와 같이 생겼지 않아요?

그런데 이러한 자기 거울에서 중심축 부근을 운동하는 입자는 반사를 일으키지 못하고 자기력선을 따라 코일의 좌우 밖으로 나가 버리기 때문에 플라스마의 손실이 많게 된답니다. 그래서 이러한 자기 구성을 '단순 자기 거울'이라고도 하지요.

이렇게 단순 자기 거울에서 일어나는 플라스마 손실을 가급적 최소화시키기 위하여 자기 구성을 보완하여 개선한 장치들이 여러 가지가 개발되어 있는데, 그림의 (3)에서 (4)까지에 이들의 구성 원리를 잘 나타내고 있어요. (3)은 '요페 자기장', (4)는 야구공 솔기 자기장, (5)는 음양 자기장, 그리고 (6)은 탄뎀 미러 자기장의 코일들의 배치와 자기장 구성들을 간략하게 나타내고 있어요. 이 중에서 (4)의 탄뎀 미러 자기장이 열린계 자기 구성 중에서 가장 좋은 구성으로 알려져 있어요. 이 장치의 개발 현황과 전망 등은 다음 시간에 다시 살펴보기로 하겠습니다.

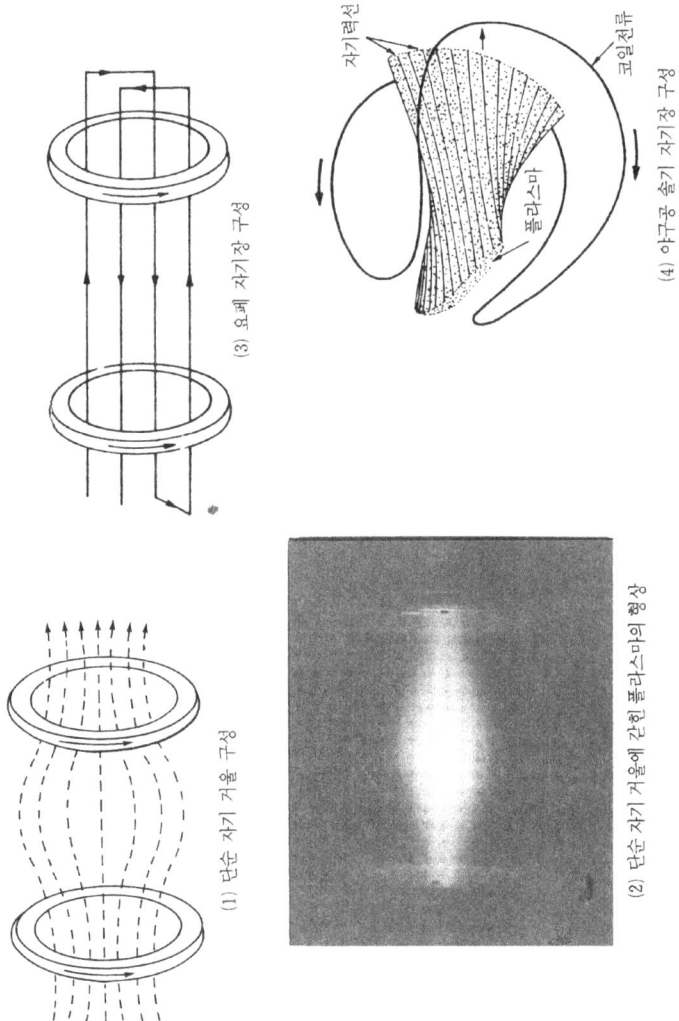

〈그림 7-3〉 프라스마 핵융합 반응을 위한 각종 열린계 자기 구성

7. 꿈의 에너지, 핵융합

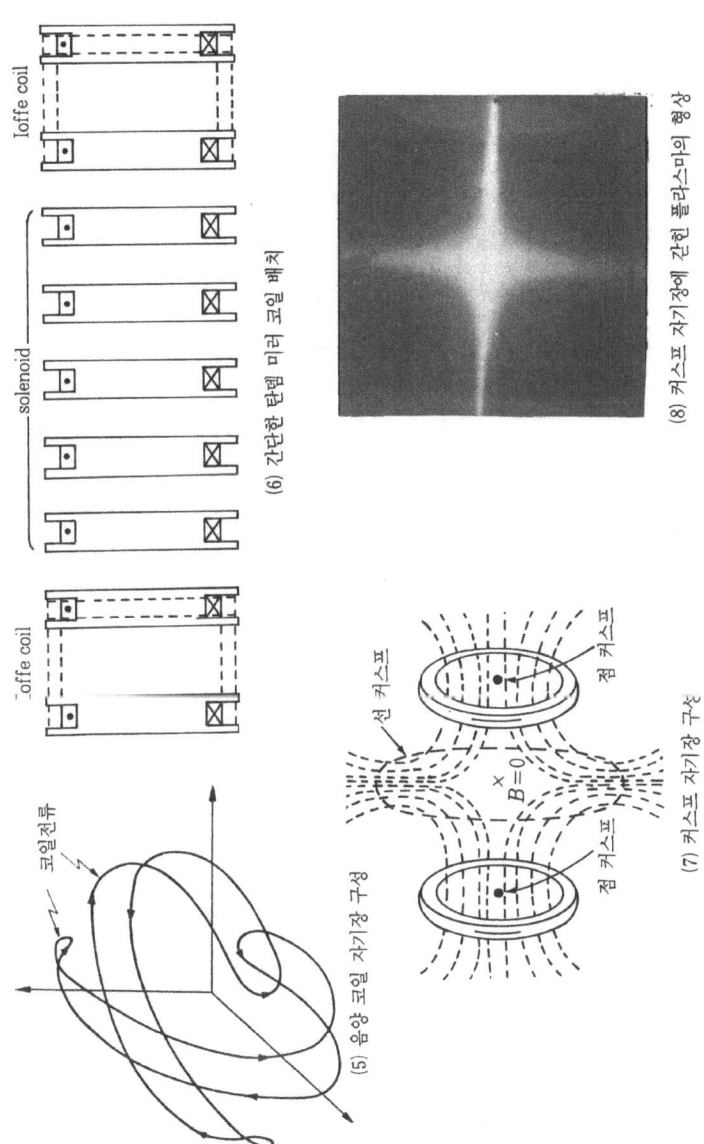

(5) 음양 코일 자기장 구성
(6) 간단한 단펀 미러 코일 배치
(7) 커스프 자기장 구동
(8) 커스프 자기장에 갇힌 플라스마의 형상

그리고 이 그림의 (7)과 (8)에는 커스프 자기장과 그 자기장에 의하여 가두어진 플라스마의 형상을 나타내고 있는데, 이 자기장은 단순 자기 거울용 두 코일을 그대로 사용하여 전류의 방향만 서로 반대로 해주면 이 그림에서 점선으로 나타낸 것과 같은 모양의 자기장이 형성되어요. 이렇게 뾰족한 부분을 영어로 커스프(cusp)라서 그렇게 부른답니다.

이들 외에도 열린계 자기 구성으로 다단계 거울 자기장, 역전된 자기 거울, 이중 커스프 자기장, 울타리형 자기장 등등 다양한 것들이 많이 개발되고 있으나, 모두 그다지 좋은 성과는 얻지 못하고 있으므로 현재는 관심 밖으로 밀려나고 있는 실정이에요. 아까 말했듯이 단지 탄뎀 미러만이 열린계 장치들 중에서 가장 좋은 성과를 내고 있으므로 이 장치에 대한 개발 연구는 꾸준하게 계속하고 있지만, 이 연구도 최근에는 거의 중지하고 있는 실정이랍니다.

성 양: 우리 지구상에서 제어된 핵융합 반응을 성공시켜서 꿈의 에너지를 얻어 보려고 정말 무척이나 고심하면서 연구하고 있다는 흔적이 뚜렷하게 나타나는군요. 우선 열린계 자기 구성만으로도 십여 종류나 되니 말입니다.

그럼 닫힌계 자기 구성도 그 정도의 종류가 있을 것 아닙니까?

박 교수: 그래요. 그 다음으로 생각할 수 있는 닫힌계 자기장 구성도 여러 가지가 있어요. 이 닫힌계는 글자 그대로 플라스마를 가두는 자기장의 자기력선이 장치 안에서 선회하면서 닫혀 있어서 장치 밖으로는 나오지 못하는 자기 구성을 가진 플라스마 가둠 장치를 말해요.

이 닫힌계 장치의 대표적인 것은 역시 '토카막(Tokamak)'이라는 장치랍니다. 아니 이 장치는 닫힌계 장치의 대표 격만이 아니고 현재 개발하고 있는 모든 핵융합 장치 중에서 가장 유망한 장치로 대접받고 있어요. 그래서 현재 전 세계적으로 건설 중이거나 이미 건설한 후에 실험 중인 핵융합 장치는 거의 대부분이 이 토카막 장치예요.

토카막은 1950년대 말쯤에 소련에서 처음 고안되었으나 그로부터 10년쯤 후인 1960년대 말경에야 그 우수성이 확인되었어요. 그 후 각국에서 장치를 더욱 개선시켜 가면서 대형화시킴으로써 핵융합로로 가장 유력한 장치로 기대하고 있어요. 참고로, 토카막(Tokamak)이란 말은 러시아어에서 전류란 의미의 'Tok'와 자기란 의미의 'Magneto'의 합성어를 줄여서 나타낸 거랍니다. 그러니까 전류와 자기가 합쳐져서 동작되는 장치라는 뜻을 내포하고 있는 거죠.

이 토카막 장치를 소련에서 처음으로 개발한 후, 거기에서 실험하여 측정한 플라스마 특성에 대한 결과를 회의석상에서 발표했을 때, 서방 세계의 학자들은 믿으려 하지 않았다고 해요. 그만큼 뛰어나게 좋은 결과였던 거죠. 그런데 더욱 흥미로운 일은, 그 결과가 소련의 측정 장치의 신뢰도에 문제가 있어서 잘못 측정했을 것으로 판단한 서방 학자들이 직접 정밀 측정 장비를 싣고 그 장치에 가서 측정한 결과에서 일어났던 거예요.

성 양: 어떤 결과가 나왔는데요?

박 교수: 역시 소련 학자들의 측정이 잘못 되었다는 결과였어요.

성 양: 어머, 저런! 그래서 어떻게 되었어요?

박 교수: 지금 성 양이 무슨 생각으로 그렇게 놀라는지 모르겠지만, 그게 나쁜 뜻이 아니에요.

성 양: 그 말씀이 무슨 뜻이죠?

박 교수: 서방 학자들이 측정해 보니 소련 학자들이 측정했던 결과들보다 훨씬 좋은 결과가 측정되었던 겁니다.

성 양: 아, 예, 그러니까 소련 학자들의 측정이 정확하지 못하여 원래 토카막에 가둔 플라스마의 성질을 충분하게 다 나타내지 못했던 거로군요.

전 또 소련 학자들이 측정을 엉터리로 했거나 과장했는지 해서 깜짝 놀랐어요. 역시 학자의 양심을 잘 지켰고, 오히려 겸손한 학자들이었군요.

그럼, 그렇게 플라스마를 가두는 성능이 좋은 토카막은 어떠한 구성과 동작 원리로 동작이 되는 거예요?

박 교수: 이 그림(그림 7-4)을 참고로 해봅시다.

우선 왼쪽에 자동차 튜브처럼 생긴 부분이 플라스마를 가두어 둘 진공용기예요. 이 진공 용기의 원둘레 주위에 같은 간격으로 많은 수의 코일을 배열하고, 이 코일들에 강한 전류를 흘려주면 빈 터널 속에 토로이달 방향(도넛 속의 원둘레 방향)으로 강한 자기장 B_t가 생기게 되지요.

그리고 사각형의 큰 부분이 변압기용 철심이에요. 이 철심의 오른쪽 기둥에 변압기의 1차 코일을 감아서 거기에 큰 전력을 가진 충격적 펄스 전류를 흘려주면, 전자기 유도 현상에 의하여 철심의 왼쪽 기둥을 감고 있는 2차 코일에 유도

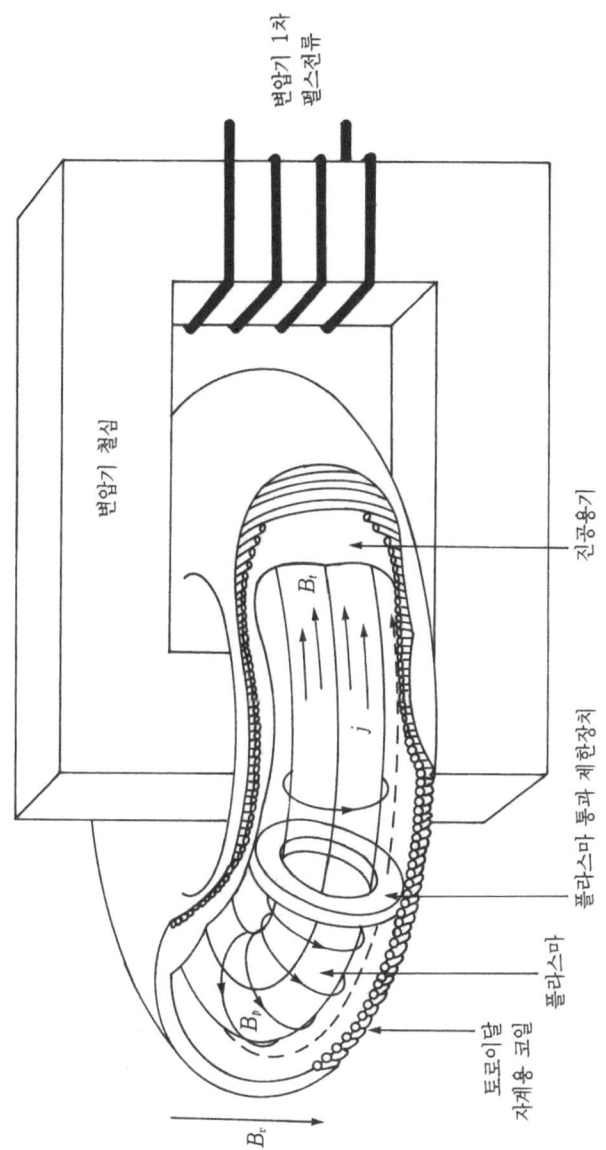

〈그림 7-4〉 토카막 장치의 동작 원리도

전류가 발생하게 되는 거예요. 이것이 바로 변압기의 원리랍니다.

그런데 토카막 장치는 바로 이 변압기의 원리를 이용한 것으로, 2차 코일 대신에 이 그림에 나타낸 것처럼 자동차 튜브 형태의 진공 용기를 감아 두었어요. 그 속에 핵융합 연료용 기체(중수소나 삼중수소)를 적당하게 넣고, 1차 코일에 충격적 펄스 전류를 흘려주면, 이 연료용 기체가 강한 유도 전력의 영향으로 전리되면서 플라스마로 되고, 아울러 진공 용기의 원둘레 방향으로 강한 유도 전기장이 형성되면서 플라스마가 원둘레 방향으로 큰 전류를 흘리게 돼요. 이 전류가 폴로이달 자기장 B_p(진공 용기의 단면으로 나타나는 작은 원의 둘레로 생기는 자기장)를 만듭니다.

이렇게 만들어진 토로이달 자기장 B_t와 폴로이달 자기장 B_p가 결합하여 회전변환을 가진 자기력선들을 엮어줌으로써 플라스마를 손실 없이 효과적으로 가둘 수 있는 토러스 자기장을 잘 구성할 수 있는 거예요. 또 발생한 플라스마를 어느 정도까지 스스로 가열시키기도 한답니다. 그러니까 이 토카막 장치가 다른 장치에 비하여 그 성능이 뛰어나게 우수한 점은, 별도의 부속 장치 없이 플라스마를 발생시켜서, 그 전류에 의한 자기장으로 플라스마를 잘 가둘 수 있고, 이러한 플라스마를 더욱 가열시킬 수 있다는 점들이에요. 한 장치 내에서 플라스마의 발생, 가둠, 가열을 한꺼번에 이룰 수 있으니 얼마나 효과적이에요. 일석삼조인 셈이지요.

성 양: 예, 그렇군요.

그래서 핵융합로의 성공을 위하여 이 토카막을 가장 유력한 장치로 기대하고 있는 거로군요. 저는 자세한 내용은 잘 모르겠습니다만, 어쨌든 이 토카막이 핵융합로의 대표 격이 될 것만은 틀림없을 것 같습니다. 그러면, 토카막 장치 외에 또 다른 닫힌계 자기장 구성으로 어떤 것들이 있습니까?

박 교수: 여러 가지가 있어요.

이 그림(그림 7-5)에 나타낸 것들을 중심으로 그 소개 정도로 만족하도록 합시다. 일일이 자세하게 설명하려면 오늘 하루 종일이 걸려도 모자랄 거예요.

이 닫힌계 자기장의 가장 기본 구성은 앞의 토카막에서도 설명했듯이 토로이달 자기장 B_t와 폴로이달 자기장 B_p가 함께 공존하면서 전체 자기장이 플라스마를 더욱 효과적으로 가둘 수 있도록 해주게 되어 있다는 점이에요. 이러한 조건을 만족할 가장 간단하면서 기본이 되는 장치는 (1)번 그림에 나오는 것이에요. 이 장치를 레비트론(Levitron)이라고 한답니다. 이 장치는 플라스마가 존재하는 토러스 공간 내부에 한 개의 원환 코일을 설치하여 전류 I_p를 흘려 줌으로써 폴로이달 자기장 B_p를 만들어 주게 되지요. 이 장치는 고온 플라스마가 존재하는 내부에 도체인 코일이 존재하기 때문에 불순물 방출은 물론 플라스마를 효과적으로 가두는 데 큰 장애가 되지요. 토카막은 이 내부 도체 대신에 플라스마 자체가 만드는 전류가 그 역할을 담당하니까 얼마나 깨끗하고 효과적인 가둠이 되겠습니까?

다음에 스페레이터(spherator)라고 부르는 (2)번 그림을 보지요. 이 장치는 첫 번째 설명한 레비트론 자기장에다 다시 토러스 면에 수직한 방향으로 전류 I_v에 의한 수직자기장

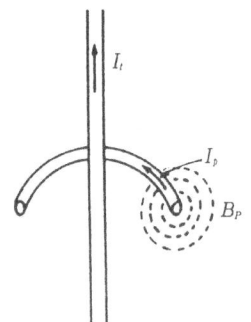 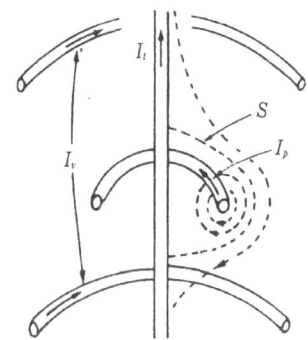

(1) 레비트론(Levitron)용 코일 구성   (2) 스페레이터(Spherator)용 코일 구성

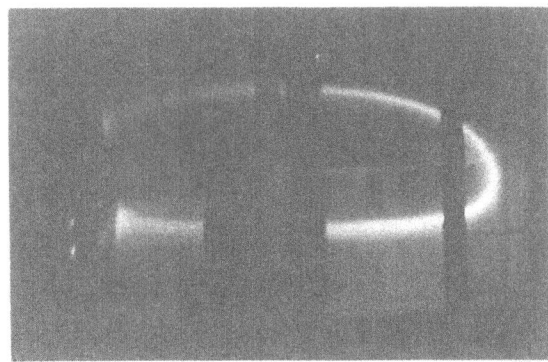

(3) 스페레이터에 가두어진 플라스마 빔

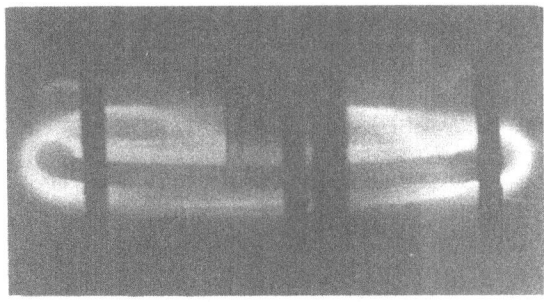

(4) 스페레이터에 가두어진 플라스마 빔

7. 꿈의 에너지, 핵융합 211

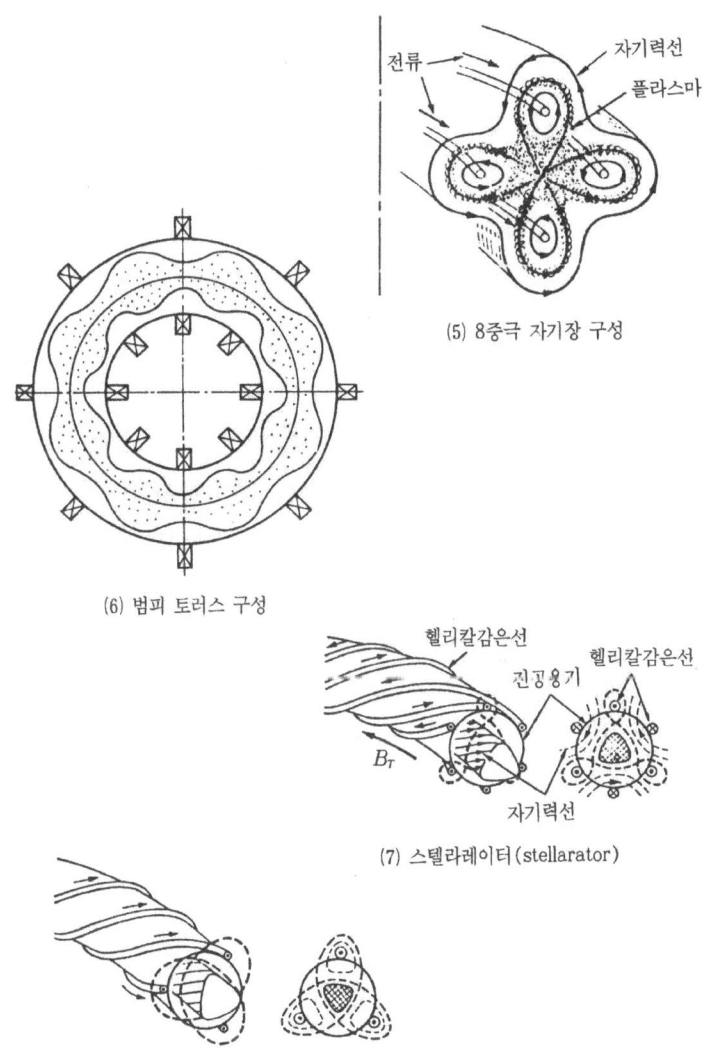

(5) 8중극 자기장 구성

(6) 범피 토러스 구성

(7) 스텔라레이터(stellarator)

(8) 토르사트론(Torsatron), 헬리오트론(Heliotron)

〈그림 7-5〉 기타 닫힌계 자기장 구성들

B_v를 추가로 걸어줌으로써 플라스마의 가둠 효과를 더욱 안정하게 해준 장치예요. 그림의 (3)번과 (4)번에 나타낸 사진은 이 스페레이터 자기장 속에서 자기면의 위치에 따라 각각 다르게 나타나는 플라스마 빔의 모양입니다. 이 사진들은 내가 직접 실험하면서 찍은 것이에요. 어때요. 괜찮습니까?

성 양: 어머, 어떻게 찍었는지는 모르겠지만, 좋은 실험 장면들을 잘 잡아서 찍으셨군요. 플라스마 가둠을 이해하는 데 많은 도움이 되겠어요.

박 교수: 인간이란 아무리 나이가 많고 지위가 있더라도 칭찬을 받고 나쁘게 생각할 사람은 없을 것 같군요. 허허허.

다음은 토로이달 다중극 자기장을 살펴봅시다. 이 그림의 (5)에 그 한 가지 예로 8중극 자기장의 구성과 코일의 배치를 나타내고 있어요. 4개의 원환 코일이 축 주위를 감아 돌고 거기에 전류를 흘려서 형성되는 자기장 속에 플라스마가 가두어질 수 있도록 한 장치예요. 이 원환 코일을 2개, 또는 3개를 설치한 4중극 자기장이나 6중극 자기장 구성도 가능하겠지요?

다음은 그림의 (6)과 같은 장치로, 단순 미러 자기장을 여러 개 같은 간격으로 설치하고, 이것을 토러스 형태로 한 바퀴 돌려놓아서 닫힌 자기장이 되도록 한 것이지요. 이러한 장치를 범피 토러스(Bumpy Torus)라고 합니다.

그 다음으로 그림의 (7)이나 (8)과 같이 토러스의 바깥에 설치 한 코일을 꼬이게 하면서 토러스로 감아주어 그 내부의 자기장이 플라스마 가둠에 효과적인 회전 변환을 만들도록 해주는 장치들도 있어요. (7)과 같이 전류가 코일의 하나 건너 하나씩 교대로 반대 방향으로 흐르도록 하는 스텔라레이터(Stellarator) 장치와 (8)과 같이 모든 전류가 같은 방향으로 흐르도록 해주는 토르사트론(Torsatron) 또는 헬리오트론(Heliotron)으로 다시 분류할 수도 있답니다.

성 양: 정말 그 종류가 많군요.
그 외에 닫힌계 자기장은 더 없습니까?

박 교수: 왜 없어요? 지금까지 나열한 종류들을 혼합시킨 것들도 있는가 하면, 그것들을 약간씩 변화시킨 것들도 있어서 여기서 일일이 열거하기가 힘들고 또 그럴 여유도 없으니 닫힌계 자기장에 대한 설명은 이쯤 해두기로 합시다.

성 양: 예, 알겠습니다.
또 한 가지 큰 부류의 자기장 구성이 있었지요?

박 교수: 있었지요. 핀치 및 포커스 장치가 그거예요.
영어로 된 용어를 그대로 사용했는데, 이 정도의 영어라면 그 뜻을 짐작할 수 있지요? '꽉 끼워 넣는다', '집중시킨다'라는 뜻이잖아요? 그러니까 플라스마를 좁은 공간이나 작은 공간에 밀집시켜 고온, 고밀도로 만들어 주는 장치들을 말하는 거예요.
이 중에서 핀치 장치를 다시 분류하면 그 모양에 따라서 직선 핀치와 토로이달 핀치로 나눌 수 있고, 다시 전류가 흐르는 방향에 따라서 z-핀치, θ-핀치, 스크루 핀치, 벨트 핀치, 역자기장 핀치 등으로 나눌 수 있어요. 이 그림(그림 7-6)에 대표적인 핀치 장치의 원리를 나타내어 보았는데 (1)이 z-핀치, (2)가 θ-핀치, (3)이 토로이달형 스크루 핀치의

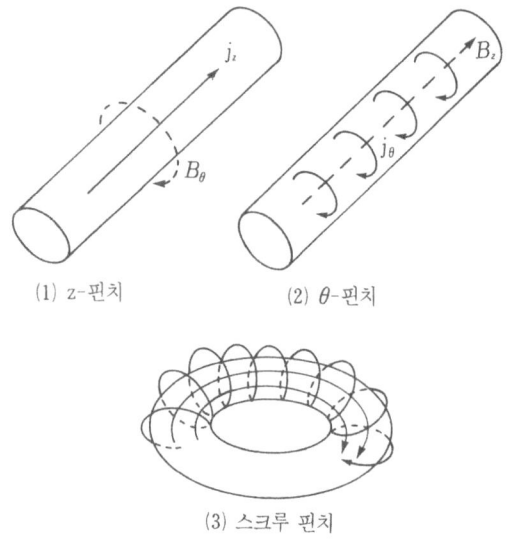

〈그림 7-6〉 대표적 핀치 장치들의 원리

원리를 각각 나타내고 있어요. 각 그림의 실선이 걸어주는 펄스형 대전류이고 점선은 그 전류에 의해서 형성되는 자기장으로, 이 자기장이 플라스마를 핀치 시키게 된답니다.

다음은 플라스마 포커스 장치인데, 이 그림(그림 7-7)에 그 개략적 구조를 나타내어 보았어요. 전체 그림은 원통형의 단면을 나타낸 것으로, 가장 바깥에 진공 용기가 있고, 빗금친 안쪽 원통 전극과 바깥쪽 원통 전극이 그 사이에 검게 나타낸 절연체를 끼고 구성되어 있는 거예요.

미리 많이 모아 두었던 전기에너지를 짧은 시간 동안 충격적으로 이 두 전극 사이에 공급해 주면, 고전류의 플라스마가 t_1에서 발생한 후에 그 스스로의 전자기력에 의하여 오른

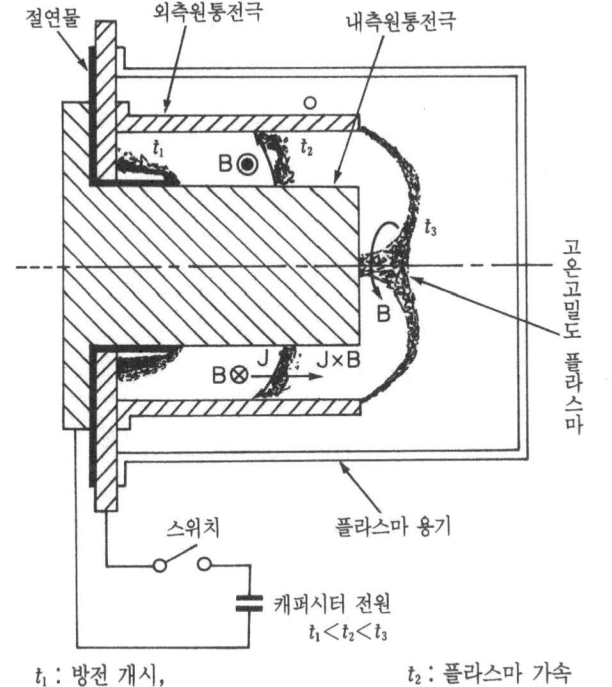

〈그림 7-7〉 플라스마 포커스 장치

쪽으로 아주 빠르게 가속되면서 t_2를 거쳐서 마지막에는 t_3에서 집중되어 지금까지 설명한 다른 어떤 장치보다 고온이면서 고밀도인 플라스마를 달성할 수 있어요.

성 양: 어머, 그럼 이 장치가 플라스마 핵융합 장치로 가장 유망한 장치가 되지 않습니까?

박 교수: 얼핏 그렇게 생각할 수도 있겠지요. 그래서 이 장치를

처음 고안했던 학자들은 지금 성 양이 생각한 것처럼 핵융합 장치를 목표로 기대하면서 이 장치를 설계하고 설치해서 실험을 해봤던 거예요.

그러나 이 세상의 대부분의 현상들이 다 그러하듯이 좋은 점이 있으면 나쁜 점도 있는 거죠. 마찬가지로 이 장치도 플라스마를 고온과 고밀도로 집중시킬 수 있는 장점이 있는 반면에, 집중된 작은 공간에서 그 고온 고밀도의 플라스마 상태를 유지시키는 시간이 너무 짧고, 그 플라스마가 불안정하기 때문에 핵융합 장치로 부적합한 것으로 판명되었답니다.

그 반면에 플라스마가 포커스 될 때나 그 전후에 강력한 각종 전자기파나 입자 빔을 방출하므로, X-선 발생원으로나 중성자 빔 발생원으로 각광을 받고 있는 형편이랍니다. 그래서 최근에는 이 분야에 대한 연구가 활발하게 진행되고 있어요.

이 플라스마 포커스 장치는 내 연구실에도 세계적 규모에 손색이 없는 장치를 한 대 설치해 두고 실험 연구에 몰두하고 있어요. 다음에 따로 시간을 내서 방문해 주면 이 장치에 대한 자세한 설명과 함께 실물을 안내해 줄 용의가 있어요.

성 양: 그 다음에는 특별한 핵융합 장치는 없습니까?

박 교수: 아직 한 가지가 남았습니다. 좀 지루할지 모르겠지만 이것도 마저 알아보고 오늘 이야기도 마무리하도록 합시다. 아니, 시간이 벌써 이렇게 되었나? 오늘의 이야기 여행이 가장 긴 장거리 여행이 되었군요. 좀 서둘러야겠군. 하긴 이제 오늘 이야기할 내용 중에서 남은 부분은 조금뿐이니까 곧 끝날 거예요.

박 교수가 맞은편 출입문 위에 걸린 벽시계를 올려다보니 벌써 5시 반을 넘기고 있었다. 박 교수는 책장에 진열된 자료집에서 또 다른 자료 파일 한 권을 뽑아내어 자리에 와 앉는다.

박 교수: 자, 오늘까지 이야기한 내용 중에서 핵융합 장치의 후보로 열거한 것들은 모두 특수한 자기장 구성으로 고온의 플라스마를 고밀도로 가두어서 그 목적을 달성하려는 것들이었지요?

이 자기장 구성들을 다시 크게 세 부류로 나누어서 열린계 자기장, 닫힌계 자기장, 핀치 및 포커스 자기장 등으로 구분해서 알아보았습니다.

그런데 이러한 자기장 가둠 방식과는 그 가둠 원리가 전혀 다른 방법으로 핵융합 반응을 성공시켜 보려는 접근법도 있어요.

성 양: 그게 어떤 방법입니까?

박 교수: 이 방식은 플라스마를 일정한 공간에 가둔다기보다는 미리 제조한 작은 고체 연료에 레이저 빔과 같은 강력한 빔을 사면팔방에서 동시에 입사시켜 그 연료를 폭발적으로 압축시킴으로써 그 속에서 충분하게 높은 온도와 밀도의 플라스마 상태를 달성시켜 핵융합 반응을 성취시켜 보려는 시도인 거예요. 이러한 방식을 관성 가둠 방식이라고도 합니다.

이러한 방식의 핵융합로 구성의 한 가지 예를 이 그림(그림 7-8)을 참고로 하여 살펴보도록 합시다.

이 그림의 (1)에서 보면, 가장 위쪽에서 미리 저장한 고체 연료 구들을 아래로 투입하고, 이 구들이 장치의 가장 중심

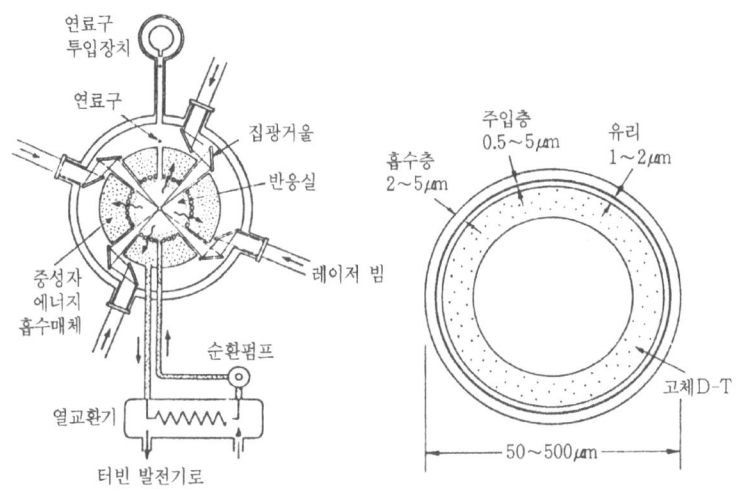

〈그림 7-8〉 레이저 빔을 이용한 핵융합 장치

에 도달하는 순간에 사면팔방에서 강력한 레이저 빔을 집속시켜서 여러 개가 동시에 연료구에 입사하도록 되어 있어요. 그러면 그림의 (2)에 확대하여 나타낸 구조와 같은 연료구의 흡수층과 주입층이 폭발하여 강하게 밖으로 사출하게 되고, 그 반작용에 의하여 내부의 D와 T로 된 고체 연료가 내부로 심하게 폭발적 압축이 일어나서 고온, 고밀도인 플라스마를 달성하면서 핵융합 반응의 점화 조건을 만족시킨다는 원리입니다.

성 양: 이 장치도 그럴듯하군요.

지금 교수님의 말씀을 듣고 있으니까 모든 장치들이 다 나름대로의 장점이 있고 모두가 다 그럴듯하게 들리기만 하는데, 이 레이저에 의한 폭발적 압축으로 핵융합 반응을 달성하려는 경우도 그 중에 하나로 느껴집니다만, 그 가능성이 어느 정도나 됩니까?

박 교수: 예, 그렇지 않아도 그 말을 하려고 했는데 좋은 지적을 해주었군요.

　이러한 레이저 핵융합에 의한 플라스마 실험도 점화 조건에 도달할 유망한 장치로 간주하여 그 연구가 활발하게 진행되어 오고 있는 것은 사실입니다. 그러나 이 장치에 의한 핵융합 개발도 그렇게 호락호락하지가 않아서 몇 가지 풀어야 할 어려운 과제들이 남아 있어요. 그 중에서도 핵융합 반응의 점화 조건을 만족할 만큼의 입사 에너지를 주입하기 위하여 충분하게 강력한 초고출력 레이저나 입자 빔을 개발해 내는 문제, 연속 가열 방식의 개선 문제, 고이득 연료구를 설계하고 개발하는 문제, 그리고 4개에서 8개의 레이저 빔을 그야말로 정확하게 동시에 연료구에 입사하도록 하는 문제 등등, 해결해야 할 숙제들도 많이 남아 있는 실정이랍니다.

성 양: 예, 그렇군요.

　또, 그렇게 설명하시는 교수님의 말씀을 들으니 갑자기 비관적인 생각에 사로잡히게 되고, 지금까지 열거하신 모든 장치들 중에서 확실하게 '이거다' 할 수 있는 성공적인 장치는 없는 것 같기도 해서 갈피를 잡을 수가 없는데요.

　그렇다면 이렇게 열거하신 여러 장치들의 현재 개발 진행은 각각 어느 정도이고 앞으로 전망은 어떠한지에 대하여 좀 말씀해 주실 수 있겠습니까?

박 교수: 예, 해줄 수 있고말고요. 관심을 가진 사람에게 내 전공 이야기를 하니까 내가 도리어 내 이야기에 도취되어 시간

가는 줄도 모르겠군요.

　오늘의 이야기 여행은 많은 시간을 요하는 장거리 여행이었던 것 같습니다. 가만 있자…… 벌써 여섯시가 되었고 하니 오늘의 이야기는 이쯤에서 한숨 돌리고, 다음의 종착역을 앞둔 마지막 정거장에서 마지막으로 한 번 더 쉬었다 가도록 합시다. 어떻습니까?

성 양: 어머, 벌써 시간이 이렇게 되었군요. 교수님의 말씀을 따르는 것이 모범학생이 되겠지요? 호호호. 오늘도 여러 가지 좋은 말씀을 해주셔서 정말 감사합니다.

박 교수: 아니, 잡다한 이야기를 비단같이 잘 들어주어서 오히려 내가 고마운데요. 허허허.

　다음 번 시간은 우리 이야기 여행의 마지막 여정이 되도록 합시다. 자 그럼…….

　자리에서 일어난 박 교수가 성 양과 다음번의 대화 날짜를 약속 한 후에, 친절하게 연구실의 출입문 쪽으로 배웅해 준다.

　박 교수의 연구실이 있는 과학관의 실내를 벗어나서 건물의 현관문을 나서니 늦여름 비가 내리고 있다. 그 동안에 비가 제법 내렸던 모양으로 땅은 이미 촉촉하게 젖어 있었고, 기온도 한결 떨어져서 가을의 한복판에 와 있는 것 같은 착각을 느낄 정도로 서늘하여 제법 기분이 상쾌하다.

　우산이 없어서 현관 앞에서 좀 머뭇거리다가 오랜만에 오는 귀한 비이기도 하고 그리 많이 내리지 않기에 그대로 맞기로 작정하고 대학신문사가 있는 건물을 향하여 걷기 시작하였다.

　오랜만에 비를 맞으니 가을이 곧 눈앞에 와 있는 듯한 느낌과 가을이 오면 회상되는 숱한 상념들, 오늘 박 교수로부터 들은 이야기들이 머릿속에서 뒤엉켜서 정리가 잘 되지 않는다. 성 양은 오늘 대화한 내용들을 다시 한 번 차분하게 정리해 볼 생각으로 발걸음을 좀 더 재촉하였다.

8
핵융합 장치의 개발 실태와 전망을 살펴볼까요?

 9월 중순에 가까워지면서 캠퍼스는 모든 활동이 제자리를 찾아 안정되어 가고 있다. 강의실마다 정상적인 강의가 차분하게 이루어지고 있고, 중앙도서관을 비롯한 각 도서관에도 빈자리가 없을 만큼 학생들로 꽉 차며, 세미나실이나 실험실에서도 교수와 학생들 사이에 활발한 발표와 열띤 토론이 때로는 밤늦게까지도 벌어지고 있다.
 특히 이공계를 중심으로 한 실험실은 대부분이 밤늦게까지 불이 꺼지지 않는다. 우리 대학도 이제 대학 본연의 임무인 연구와 교육에 충실하려고 많은 노력을 기울이고 있을 뿐만 아니라, 근년에 와서 그러한 흔적이 뚜렷하게 나타나서 많은 발전적 변화를 가시적으로 표출하고 있어 대단히 긍정적인 시실로 찬사를 보내어도 좋을 듯하다.
 성 양은 지난 시간의 대화의 말미에 약속한 대로 10시에 맞추어 박 교수를 찾았다. 캠퍼스에 들어서서 연구실까지 가는 동안에 플라타너스와 향나무들에서 내뿜는 상쾌한 아침 공기가 코 속을 시원하게 하고 살갗을 기분 좋게 한다.
 성 양이 박 교수의 연구실을 방문하니 늘 그랬던 것처럼 박 교수는 잔잔한 미소를 띤 얼굴로 따뜻하게 맞아 준다.
 성 양은 응접용 의자에 앉으면서 먼저 맞은편으로 나있는 창문으로 눈을 두었다. 오늘따라 유달리 맑은 하늘이 이제 완연한 가을에 들어섰음을 말해 주고 있다. 아침이라 그런지 매미소리도 한결 힘이 빠져 있어서 곧 다가올 자신의 운명을 예감하고 있는 듯하다.

다시 시선을 떨어뜨려 박 교수와의 대화를 마음속으로 대비하며 자리를 고쳐 앉았다.

박 교수: 어제는 늦게까지 장시간 내 딱딱한 이야기를 들어주느라 수고가 많았지요?

성 양: 아닙니다. 아무려면 듣는 쪽이 말씀하시는 쪽보다 더 수고할리야 있겠어요? 말씀하시는 교수님 쪽이 훨씬 더 힘드셨겠지요?

박 교수: 신이 나서 이야기에 도취되다 보니까 나로서는 전혀 힘들다고 생각할 겨를이 없었다오. 괜찮습니다.

그럼 우리의 이야기 여행을 계속해 볼까요? 오늘은 종착역에 도착할 겁니다.

성 양: 종착역이란 말씀을 들으니까 어쩐지 좀 섭섭한 느낌이 드는군요. 출발한 지가 어제 같은데 벌써 그렇게 되었나 싶은 게 시간은 정말 빠르다는 생각이 듭니다.

박 교수: 모든 인간사가 다 그러하듯이, 우리 인간들이 살아가면서 닥치는 그 순간순간들은 때로는 지루하기도 하고 때로는 힘들기도 하지만 막상 그때를 보내고 나면 너무 빨리 지나가 버렸다는 생각을 하게 되지요.

우리의 만남도 바로 엊그제 같은데 벌써 1주일도 더 지나가고 있지 않아요? 우리 인간은 결국 이런 식으로 시간을 갉아 먹으면서 나이가 들고 늙어가게 되는가 봐요.

아이쿠, 이런! 아침부터 젊고 한창 피어나는 청춘 앞에서

8. 핵융합 장치의 개발 실태와 전망을 살펴볼까요?

무슨 넋두리람.

성 양: 맞는 말씀을 하셨습니다만, 글쎄 아침 시간에 그런 말씀을 들으니 좀 뭣하군요. 호호호.

박 교수: 좋아요. 그럼, 새로운 기분으로 오늘은 현재 전 세계에서 설치하여 실험 중인 핵융합 장치의 개발 실태와 앞으로의 전망 등을 살펴보고, 곁들여서 우리 국내의 개발 현황과 전망 등도 알아보면서 전체 이야기를 마무리할까 합니다.

성 양: 예, 그렇게 해주십시오. 마지막까지 잘 부탁드립니다.

박 교수: 어제는 지금까지 개발된 핵융합 장치의 종류와 그것들의 다양한 구성 및 동작 원리 등에 대하여 개괄적으로 살펴보았지요?

성 양: 예 그랬습니다만, 워낙 종류가 다양하고 그 구성 원리도 복잡하여서 어제 되돌아가서 한 번 정리해 보았지만 깔끔하게 정리가 잘 안 되더군요.

박 교수: 예 그럴 거예요. 그러나 그런 모든 종류를 다 일일이 알아볼 필요는 없겠고, 앞으로 핵융합 반응의 성공에 유망한 장치를 선별해서 그 개발 현황과 전망을 알아보는 걸로 합시다.

어제의 내용을 복습할 겸 한 가지 질문을 해보겠어요. 지금 시점에서 핵융합 반응의 성공에 가장 유망한 장치는 뭐라고 했는지 생각납니까?

성 양: 아 예, 뭐라고 했더라. 토크? 잠깐만 기다려 주세요. 입에서 뱅뱅 도는데……. 생각납니다. '토카막'이라고 하셨지요?

박 교수: 예, 잘 맞췄어요. 러시아 말인데 '전류'라는 뜻의 '토카'와 '자기장'이라는 뜻의 '막'이 합성된 단어라고 했지요.

아무튼 이 토카막 장치가 가장 유망한 장치로 알려져 있으니 이 장치를 중심으로 그 개발 현황과 전망을 살펴봅시다.

박 교수가 다시 자리에서 일어나더니, 서가로 가서 파일을 한 권 뽑아 낸 다음 자리로 되돌아와서 뒤적이기 시작한다. 한참이나 찾은 후에 한 장의 OHP용 TP 용지를 꺼내 책상 위에 펼쳐 놓으면서 설명을 계속한다.

박 교수: 우선 이 그림(그림 8-1)을 참고로 하여 알아봅시다.

이 그림은 토카막 장치를 기준으로 핵융합 장치의 개발에 대한 진전 상황을 연대별로 나타내고 있어요. 이 그래프의 가로(X)축은 가두어진 플라스마의 온도, 세로(Y)축은 그 밀도와 가두어진 시간의 곱을 나타내고 있어서, 이 그래프 위에서 플라스마에 의한 핵융합 반응의 점화 조건이 될 범위를 나타낼 수도 있어요.

그림의 오른쪽 윗부분에 빗금 친 부분이 바로 그 범위로, 이 부분 속에 들어가는 조건이 되면 점화가 가능하게 되는 거예요. 이 범위에 해당되는 기준을 로슨 기준이라고 부르기도 한다고 했지요?

우선 1960년대 후반에 소련에서 토카막이 개발된 후, T-3, T-4 장치들을 개량시켜 오다가 1970년대 초부터 미국, 프랑스, 영국, 독일, 일본 등의 나라도 토카막 장치의 연구에 착수하였어요. ALCATOR, TFR, Cleo, Pulsator, JFT II 등의 장치들을 잇달아 설치하여서 실험을 경쟁적으로 해 오면서 이 토카막 장치에 의한 연구가 본격적으로 꽃을 피우게 된 거지요. 그러다가 이들의 연구와 병행해서 약간 중대형 토카막 장치가 그림의 7번에 나타낸 것처럼 PLT와 T-10이라는 이름으로 설치되어 좋은 결과들을 얻게 되었던 거예요. 여기서 PLT란 미국의 프린스턴 대학에 설치된 장치로 Princeton Large Torus의 첫 글자들을 따서 만든 이름이고, T-10은 그냥 Tokamak-10을 말하는데 토카막을 처음 고안했던 소련에 설치된 장치였어요. 물론 이 기간 동안에도 선진국을 비롯한 세계 각국에서 수많은 중소형의 토카막을 각 연구소나 대학에 설치하여 다양한 분야에 대한 연구가 활발하게 진행되어 왔던 거예요.

성 양: 예, 그렇습니까? 이 그림에서 7번이 있는 곳만 해도 처음 출발점보다 엄청난 발전이 있었네요. 곧 8번이 있는 점화 조건에 도달할 수 있겠군요.

박 교수: 이 그림만 본다면 금방 점화 조건 영역에 도달할 것 같지만, 그게 그렇게 쉽지가 않답니다. 각 단계에서 다음 단계로 진행해 가는 여정에 엄청난 연구자들의 땀과 거대한 재정적, 물질적 지원이 쏟아져 조금씩 진전되어 나아가게 된 거랍니다.

성 양: 그러면 지금은 어떤 위치에 와 있으며, 전 세계적으로 어떤 장치들이 가장 좋은 결과를 내고 있습니까?

박 교수: 다시 이 그림의 8번을 살펴봅시다.

일단 8번에 들어서면 점화가 되는 걸로 되어 있지요? 여기에 해당되는 장치들이 미국 프린스턴 대학에 설치한 TFTR(Tokamak Fusion Test Reactor), 유럽공동체가 영국의 컬

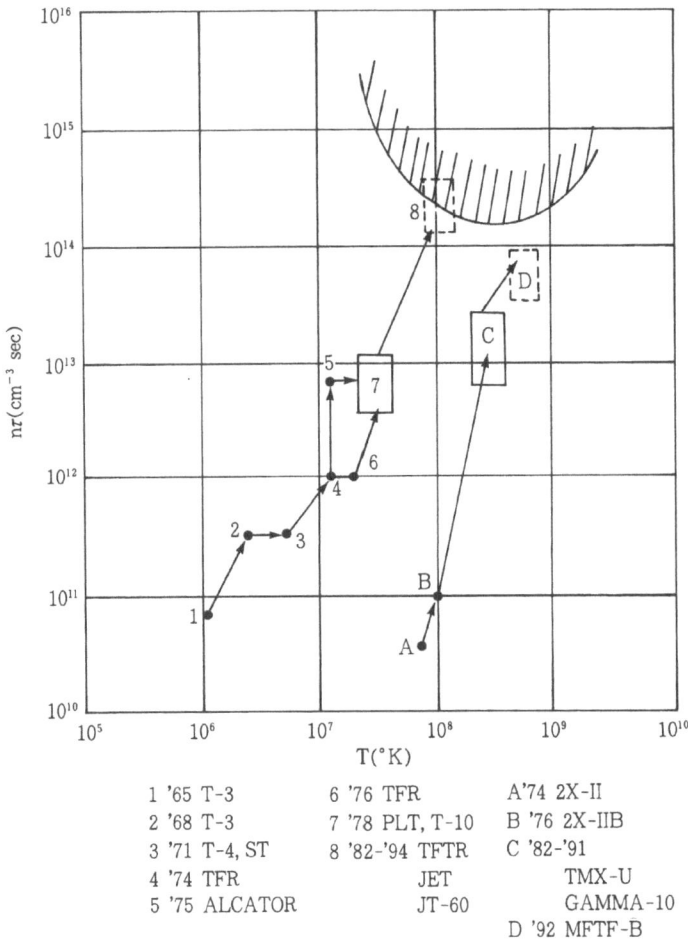

〈그림 8-1〉 핵융합 장치의 개발 진전 상황

함(Culham) 연구소에 설치한 JET(Joint European Torus), 그리고 일본원자력 연구소에 설치한 JT-60(Japanese Tokamak-$60m^3$ 용량이라는 뜻) 등이 있어요. 1970년대 말 이들 장치들

8. 핵융합 장치의 개발 실태와 전망을 살펴볼까요? 229

의 설계 단계 때에는 소련에서도 T-15, 또는 T-20이라는 장치로 계획은 했으나, 갑자기 소련 연방이 붕괴되면서 경제적인 악조건 때문에 이 장치는 탄생되어 보지도 못하고 사산되어 버렸어요.

어쨌든 이 장치들이 설치되어 핵융합 반응의 성공을 목전에 두고 연구에 전념하기까지는 그림의 7번에 있는 PLT나 T-10을 비롯한 수많은 중형 토카막 장치들로부터 얻은 좋은 결과들이 충분한 뒷받침을 해주게 되었던 거랍니다. 이러한 결과들이 튼튼한 기초가 되어 그 바탕 위에서 비로소 앞에서 열거한 대형 토카막 장치들인 TFTR, JET, 및 JT-60들이 탄생하게 된 거예요. 그러니까 그 길지 않은 기간 동안에 전 세계의 핵융합 관계 과학자들이 얼마나 많은 노력과 지혜를 동원했는지 그 노고는 감히 수치화시킬 수 없을 정도로 크게 평가해 줘야 할 거예요.

그런데 이렇게 탄생한 대형 토카막 장치들은 글자 그대로 그 규모가 아주 크게 되어 버렸어요.

성 양: 어째서 크지 않으면 안 되는 거예요? 장치가 작으면 안 되는 모양이지요?

박 교수: 예, 그래요.

현재 개발된 토카막 장치는 작은 장치로는 무리라는 사실이 밝혀진 후에 그 장치가 점점 커지게 되었어요. 처음에 핵융합 반응 장치를 설계할 당시의 점화 조건을 직접 장치에 적용시켜 봤을 때, 장치의 규모도 어느 정도 이상이 요구되었고, 거기에 따라서 점화 조건 또한 더욱 상향 조정하지 않으면 안 되게 되었던 거예요. 결국, 핵융합 반응에 필요한 매질인 플라스마를 워낙 고온이면서 고밀도인 상태로 일정한 시간 동안(수 초 이상) 일정한 공간에 가두어 두지 않으면 안 되기 때문에, 그 플라스마가 차지하는 공간도 어느 정도 이상의 부피가 되어야 하고 그래야 그 목적을 달성할 수 있다는 겁니다. 그렇지 않으면 플라스마의 온도가 쉽게 내려갈 수 있고 도망가 버릴 가능성이 커지지요. 마치 많은 양의 물은 한 번 데워 주면 좀처럼 식지 않지만 적은 양의 물은 곧 식어 버리는 이치와 비슷하다고 생각할 수 있어요.

성 양: 그렇군요. 그러면 그 규모가 도대체 얼마만큼 큽니까?

박 교수는 다시 자료 파일을 뒤적이다가 3장의 그림을 차례대로 끄집어내더니 탁자 위에 나란하게 배열해 놓고 다시 설명을 이어 나간다.

박 교수: 이 그림 (그림 8-2)을 좀 봐요.

이 그림의 (1)이 JET, (2)가 TFTR, (3)이 JT-60의 설계 초기의 전체 조감도를 각각 나타내고 있어요. 그 규모의 크기를 짐작할 수 있도록 각 장치의 그림 옆 아래 부분에 이와 같이 사람을 그려 넣었으니까 그 크기를 대략 알 수 있을 거예요. 높이가 대략 7~15m 정도, 폭이 15~17m쯤 됩니다. 그러니까 높이는 보통 건물의 3~4층 정도이고 폭은 교실 두 칸 정도라고 보면 되겠지요. 이 크기는 순수한 장치의 본체만의 크기이니 그 주변에 부속해서 붙게 되는 계측기기, 가열 장치, 그리고 진공 장치나 연료 기체 공급 장치 등이 붙게 되면 이 본체 크기의 2~3배 정도의 부피가 될 테니까 이 한 장치의 설치를 위하여 큰 학교 정도의 커다란 건물이

8. 핵융합 장치의 개발 실태와 전망을 살펴볼까요? 231

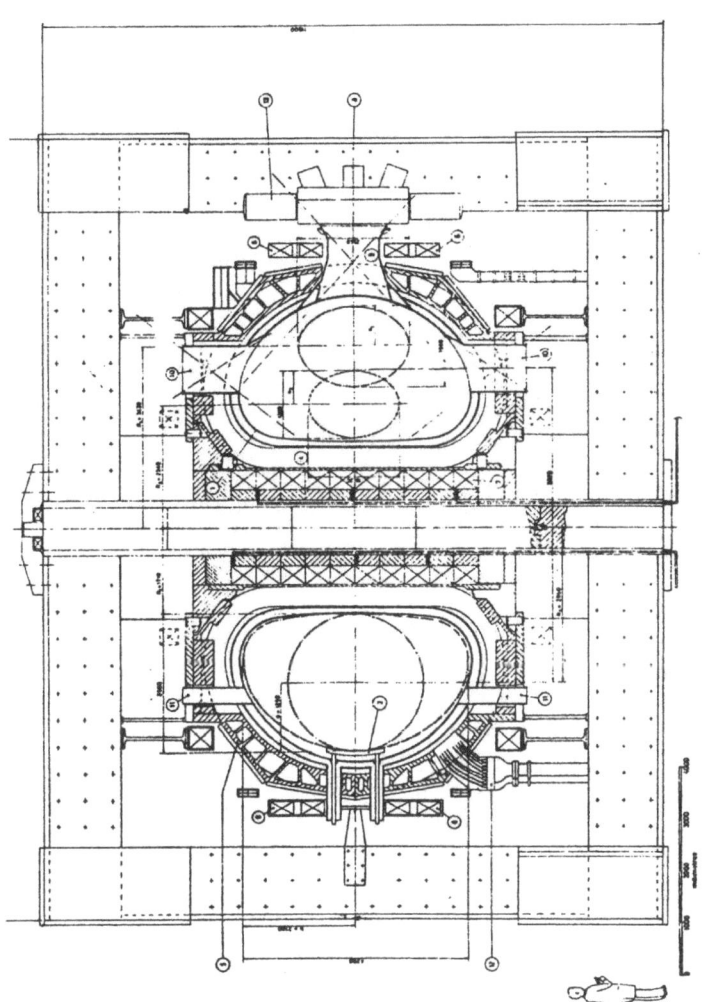

(1)유럽공동체의 대형 토카막 JET

〈그림8-2〉 설계 초기의 3대 대형 토카막의 본체 조감도

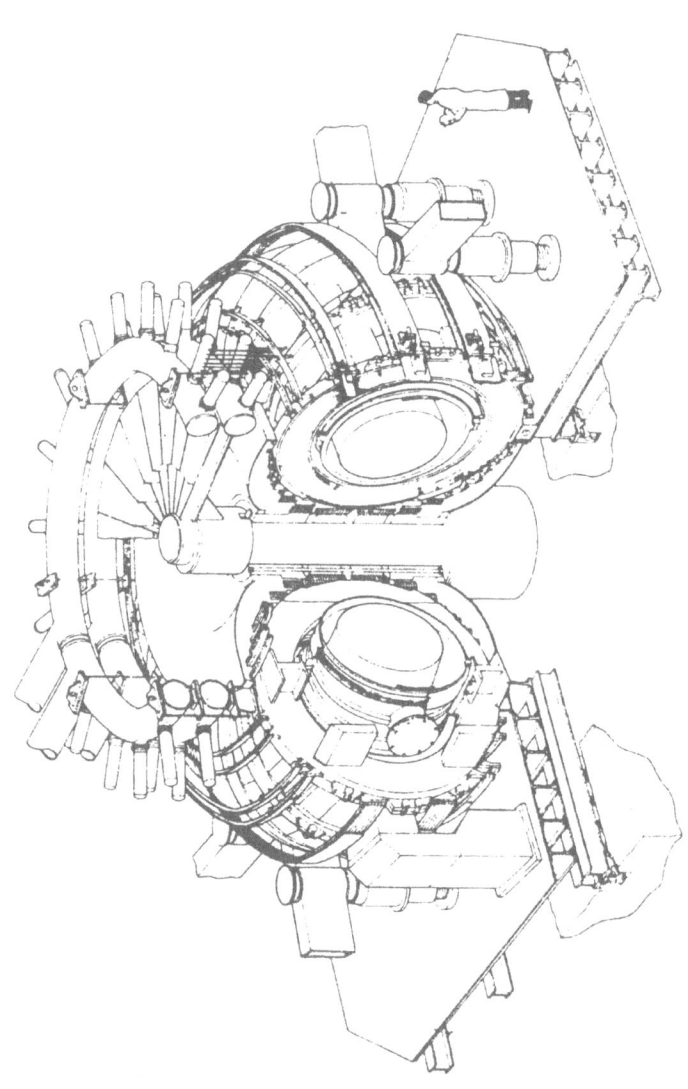

(2) 미국 프린스턴 대학교의 대형 토카막 TFTR

8. 핵융합 장치의 개발 실태와 전망을 살펴볼까요? 233

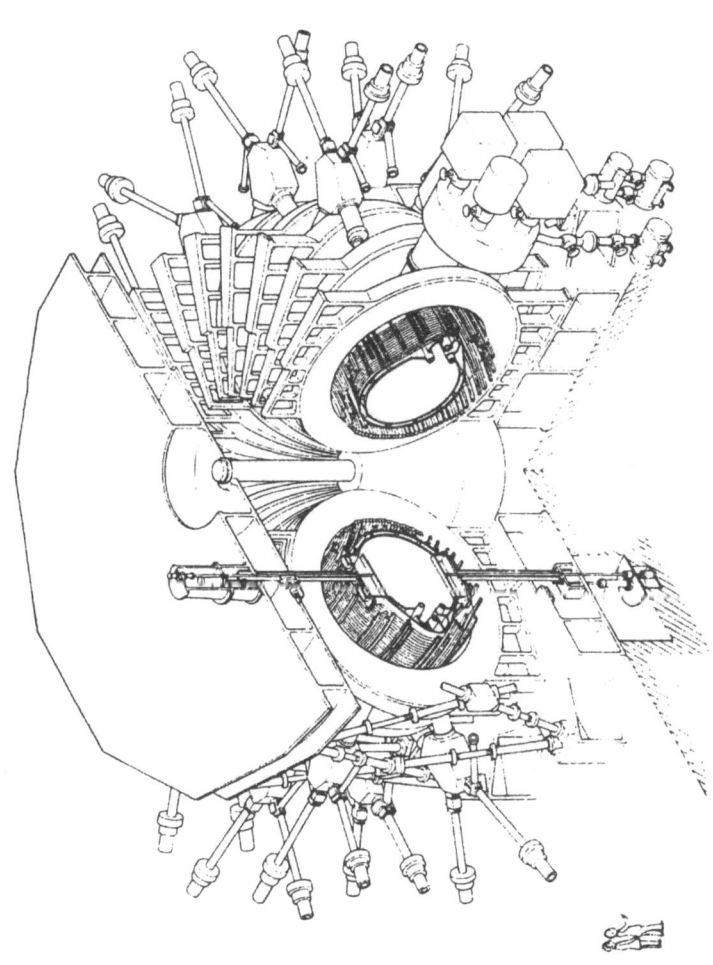

(3) 일본 원자력 연구소의 대형 토카막 JT-60

필요하답니다. 그것뿐이라면 간단하겠지만, 이 장치를 운전하기 위하여 변전 설비를 비롯한 각종 물적 지원시설을 위한 건물들, 이 장치의 운전과 계측에 필요한 부속 건물들, 그리고 수백 명의 상근 및 비상근 연구원들이 머무를 연구동 등을 포함하면 하나의 큰 연구 타운이 형성되는 거예요.

성 양: 정말 거대한 연구 시설이 되겠군요.

박 교수: 그래요. 이러한 거대 시설에서, 그것도 단순 생산 작업만 하는 공장이 아니고 최첨단의 과학적 연구 개발을 목표로 진력해야 할 실정이니까, 이 대형 토카막 장치에 쏟아 부어야 할 재정적, 인적 지원은 그야말로 우리의 상상을 초월하는 엄청난 것이랍니다.

성 양: 예, 당연히 그렇게 되겠군요. 이 그림들을 보니까 규모도 크지만 그 구성도 대단히 복잡하게 되어 있어서 설치하기가 정말 힘들 것 같군요.

박 교수: 힘들다는 말만으로는 표현이 부족할 겁니다.
  이 대형 토카막 장치는 초고온, 초고밀도의 플라스마를 가두어 두어야 하고 거대한 힘(스트레스)을 받는 장치이므로, 모든 현상들을 일상에서 일어나는 보통 상태와는 아주 동떨어진 극한 상태에서 취급해 줘야 해요. 그러기 위해서는 이 장치에 사용하는 모든 구조물이나 재료를 거기에 합당한 것들을 사용해야 하므로, 새로운 재료의 개발과 구조 역학적 연구도 병행해야 하는 거예요. 또 전체 구조의 정밀도도 아주 높아야 해요. 그러니까 한마디로 말하면, 이 토카막 장치에 의한 핵융합 개발 연구는 지금 현재의 최첨단 극한과학을

총동원해야 하는 최첨단 현대과학 연구의 총체라고 해도 과언이 아닐 거예요.

성 양: 예, 정말 대단한 연구 프로젝트라는 사실이 어렴풋하게나마 실감이 나는군요.

그런데 이 그림에 나타낸 3대 토카막 장치들을 대충 살펴보니까 전체적 구성은 비슷한 것 같은데, 구성에는 어떤 차이점이 있습니까?

박 교수: 좋은 지적을 했어요. 전체적 구성에는 별 차이가 없어요. 세부구조에 있어서 약간씩의 차이가 있고, 거기에 따른 성능도 조금씩 차이가 있으나 크지는 않아요.

이들 장치의 세부에 대한 모양과 규격, 그리고 그들의 성능 등에 대한 자세한 데이터를 서로 비교하여 발표한 것도 있습니다. 이 표에 비교적 자세한 대비를 나타내고 있습니다만, 보다시피 전문 용어들로 나타내고 있고 복잡해서 일일이 설명하기도 힘들고 설명해 봤자 성 양이 잘 알아들을 것 같지도 않기 때문에 이 표는 안 본 걸로 합시다. 혹시 꼭 알고 싶으면 나중에 따로 시간을 한 번 내주든지, 내가 대학원에서 강의하는 '플라스마 물리학 I'의 강의를 들으면 좋겠군요.

그 대신에 이들 장치의 가장 중요한 부분인 플라스마가 가두어질 위치와 그 크기를 초기의 설계를 참고하여 이처럼 그림(그림 8-3)에서 서로 비교해 볼 수 있겠습니다. 이 그림은 처음의 설계 단계의 것들이므로 소련에서 개발하여 설치하려다가 도중 하차해버린 T-20 장치도 같이 대비시켜 나타냈어요. 플라스마가 가두어질 위치는 그림에서 R로 나타낸 것과 같이 토러스의 주반지름의 크기로 비교했고, 플라스마의 크

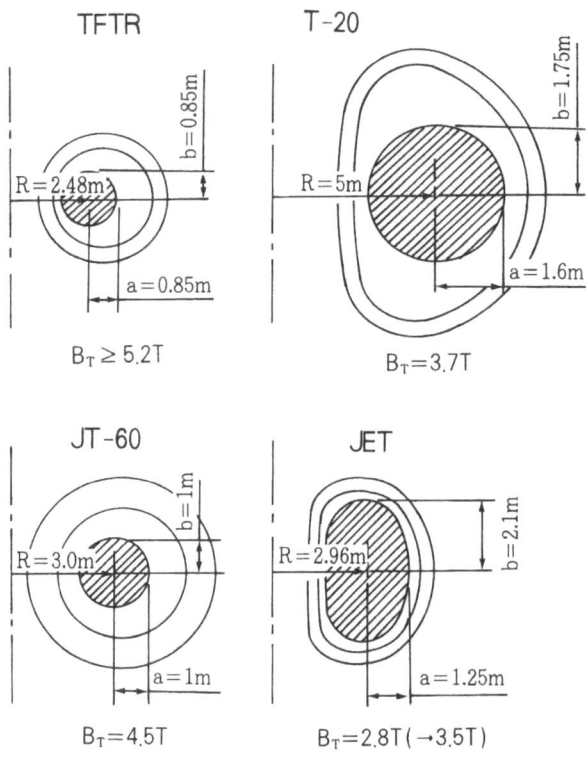

〈그림 8-3〉 설계 초기의 대형 토카막 장치에 가두어질
플라스마의 위치와 크기

기는 그 단면이 원형 또는 타원형으로 되어 있는데 그림에서 a와 b로 나타낸 플라스마 반지름으로 서로 비교하고 있어요. 그 규모가 거의 비슷함을 알 수 있지요?

성 양: 예, 그 규모는 큰 차이가 없군요. TFTR이라는 이 장치가 약간 작아 보이기도 합니다만……

박 교수: 그렇지요?

이 그림에 나타낸 규격들은 초기에 이 장치들을 설계했을 때의 크기들인데, 그 후에 더욱 개선 보완(upgrade)하는 과정에서 그 크기가 약간씩 더 커지게 되었어요. 그래서 TFTR은 그 후에 주 반지름(R)이 2.6m, 플라스마 반지름(a, b)은 약 1m로 증대시켰어요. 또 JT-60은 주 반지름을 3.3m로, 플라스마 반지름은 긴 쪽 반지름(b)을 1.7m, 짧은 쪽 반지름(a)을 1.1~1.3m로 하는 D자 모양의 단면을 가지도록 보완하여 재설치 하게 되었답니다. 따라서 그 이름도 JT-60U로 나타내고 있어요.

성 양: 그러니까 처음에 설계했던 장치를 다시 개조도 하는군요.

박 교수: 그럼요. 장치 자체의 구성에 대한 기본 개념을 바꾸지 않는 범위 내에서 개선해 가고 있답니다.

성 양: 그렇군요.

그러면 교수님, 이러한 장치들을 이용해서 '꿈의 에너지, 핵융합'을 위한 목표에는 얼마나 접근하고 있는지요? 또 현재 이런 장치들로부터 얻은 성과는 어느 정도나 됩니까?

박 교수: 예, 그러면 지금부터 이 장치들에 의한 연구 결과를 살펴봅시다.

이들에 의한 연구는 지금 이 순간에도 워낙 왕성하게 이루어지고 있기 때문에, 어떤 시점을 기준으로 해서 '이런 결과가 나왔습니다'라고 딱 잘라 말하기가 좀 곤란합니다. 순간마다 새롭게 개선된 결과들이 계속하여 나오고 있을 뿐만 아니라 워낙 많은 매개 변수들이 관련되고 있어서 한두 가지가 나아졌다고 해서 전체가 당장에 크게 개선된다고 볼 수 없기 때문이죠. 이렇게 수많은 매개변수들을 일일이 여기서 소개할 수는 없으니 그것은 생략하고, 단지 전반적으로 이 장치들에 의한 연구 성과를 간추려서 종합적으로 살펴보도록 하지요.

성 양: 예, 그렇게 해주십시오.

박 교수: 지금 이야기하고 있는 대형 토카막 장치 중에서 지금까지 가장 성과가 좋은 JET부터 우선 알아보도록 합시다.

이 JET 장치는 유럽공동체 회원국 가운데 6개국이 유럽원자력공동체(EURATOM)를 만든 후에 이 단체를 모기지로 하여 유럽의 핵융합 연구를 단일화시키기에 이르고 거기에 따라서 이 장치가 탄생했어요. 1978년에 개최된 EC 각료 회의에서 대규모 핵융합 실험 장치를 전 유럽 국가가 참여하여 EC 과학자들의 공동 프로젝트로 영국의 컬함에 설치하기로 합의했던 것이 바로 이 JET가 탄생한 계기였어요.

이 JET 장치는 규모면에서 세계 최대일 뿐만 아니라 그 연구업적 역시 가장 먼저 성공적으로 이루어지고 있답니다. 세상 인간사가 모두 그러하듯이 어떤 일을 단독으로 추진하는 것보다 여럿이 협동하여 추진하는 것이 훨씬 효과적이라는 진리를 이 JET의 경우에도 잘 보여주고 있어서 좋은 교훈을 얻게 돼요.

아무튼, 이 JET 장치는 1991년 11월에 인공으로는 세계에서 최초로 핵융합 에너지를 방출하는 데 성공했답니다. 이 때 방출한 에너지는 2초 동안에 약 100만 W에 해당하는 값으로 그렇게 많은 에너지를 발생시켰다고 보기는 어렵지만, 최초로 핵융합 에너지를 얻었다는 사실에 큰 의의를 둘 수가

8. 핵융합 장치의 개발 실태와 전망을 살펴볼까요? 239

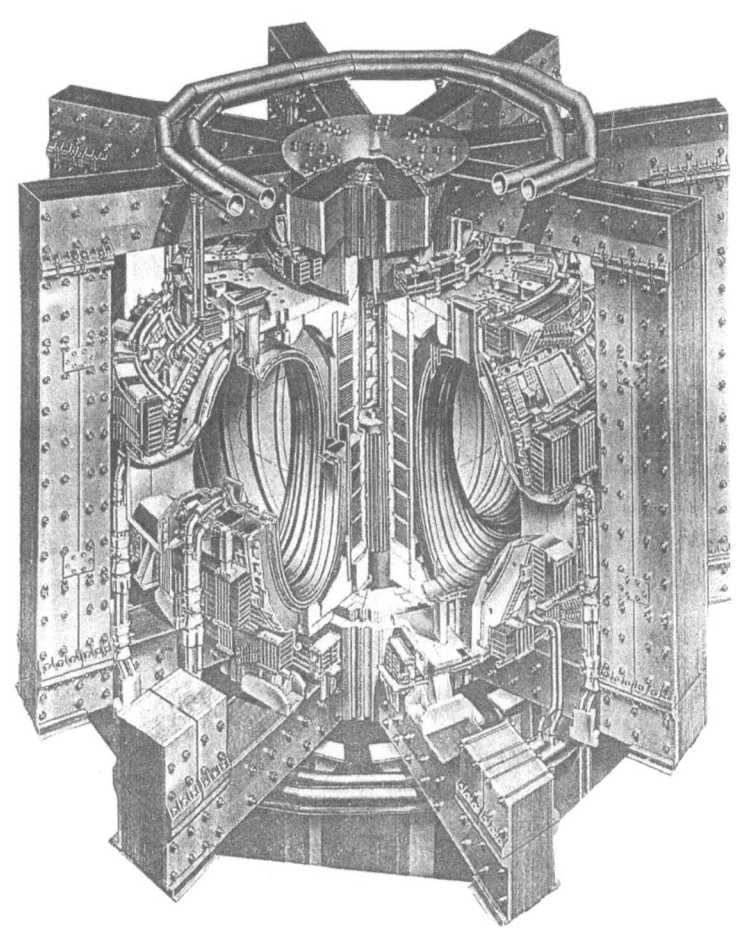

〈그림 8-4〉 JET 핵융합 장치의 본체 구성

있겠지요. 이렇게 자랑스러운 JET 장치의 본체의 구성도는 이 그림(그림 8-4)에서 보면 보다 더 선명하게 알 수 있을 겁니다.

성 양: 어머, 정말 대단한 장치군요. 구조도 아주 복잡하네요.

그러면, 다른 장치들에 의한 연구 성과는 또 어떤지요?

박 교수: 예, 나머지 TFTR이나 JT-60과 같은 장치들도 JET와 같은 시기에 설계하여 설치도 하면서 초기 시험도 해보았지만, 앞에서도 잠깐 언급한 것처럼, 당초의 설계에 결함 부분이 발생하여 재설계해서 보완하는 바람에 좀 늦어지게 된 거예요. 그래서 JT-60은 그 이름조차 JT-60U로 바꾸었고, 그 구조도 상당히 개조하였던 겁니다. 그렇지만 이들 장치도 이제 건설이 끝나 여러 가지 실험을 수행하면서 좋은 결과들을 속속 발표하고 있으니까, 곧 JET에 이어서 그 정도의 핵융합 에너지는 방출했다는 반가운 소식이 있을 겁니다.

성 양: 예, 그렇군요. 그런데 이러한 장치들을 설치하고 운영하려면 엄청난 예산과 인력이 필요하겠지요?

박 교수: 물론이지요. 예를 들어서 JET가 1991년에 사용한 예산이 860억 원이나 되고, 동원된 인력은 주로 연구 인력을 중심으로 하여 1,500여 명이나 되었어요. 그 후에도 해마다 이 정도나 혹은 그 이상의 예산과 인력이 동원되었으니까 전체적으로 투입된 예산과 동원된 연구 인력은 놀랄 만한 숫자가 될 겁니다.

성 양: 정말 그렇게 되겠군요.

그러면 교수님, 그렇게 방대한 예산과 연구 인력을 투입하고 그만큼 거대한 장치를 건설하여 연구해 온 덕분인지는 몰라도 이제 제법 많은 양의 핵융합에너지를 얻을 수 있게 되었으니 곧 실용화 작업에 착수하면 되겠네요. 이제 꿈의 에너지가 현실의 에너지로 활용될 날도 멀지 않은 것 같군요.

박 교수: 그게 그렇게 되었으면 얼마나 좋겠습니까만, 이 핵융합 에너지를 실용화시키기까지 넘어야 할 산이 아직도 여러 개나 남아 있답니다. 어떻게 보면 이제 겨우 첫 번째 산을 정복한 것에 불과합니다.

그렇다고 지레 겁을 먹고 미리 포기할 것까지는 없다고 생각해요. 핵융합에너지를 실용화할 핵융합로는 틀림없이 실현될 수 있다는 확신을 가져도 좋을 겁니다. 왜냐하면 이러한 핵융합에너지의 방출이 자연에 존재하는 현상이므로, 우리 인간이 그러한 조건만 만족시키고 그때 방출될 에너지를 잘 조절한다면 우리가 의도하는 대로 풍부한 에너지를 얼마든지 이용할 수 있을 거예요.

성 양: 자연에 존재하는 핵융합에너지의 방출 현상이란 태양을 말씀하시는 거죠?

박 교수: 아, 이제 보니 성 양이 핵융합 전문가가 다 되었군. 바로 지금 말한 대로 태양이라는 좋은 예시가 핵융합에너시 방출에 대한 명백한 뒷받침이 되고 있지 않아요? 물론 태양뿐만이 아니라 우주의 은하계 속에 있는 많은 항성들도 이러한 핵융합에너지를 방출하는 예에 속하기도 하지만요.

다만 우리 과학자들이 태양이나 항성에서 일어나는 이런 현상을 어떤 방법으로 지구 위에서 잘 조절하고 제어시켜서 잘 활용하느냐 하는 문제를 해결해 주면 되겠는데, 그걸 해결하기가 그렇게 간단하지가 않다는 겁니다.

그래서 핵융합에너지의 실용화를 목표로 그 개발을 크게 3단계로 나누어서 생각해 볼 수가 있어요.

좀 전에 논의한 대형 토카막 장치들인 JET, JT-60U 및

TFTR 등은 지금까지 설명한 바와 마찬가지로 고성능의 플라스마를 생성하여 핵융합에너지를 방출하기까지의 시험을 목적으로 진행해 왔던 거예요. 그래서 이러한 장치들을 '시험로(Test Reactor)'라고 불러요. 결국 이 장치들은 플라스마로 핵융합 반응을 일으켜 에너지를 얻을 수 있을지 어떨지를 시험해 보는 임계 플라스마 시험 장치라고도 할 수 있지요.

이런 시험로의 다음 단계의 장치로 핵융합 '실험로(Experimental Reactor)'가 계획되어 있어서 그 개념 설계와 연구 개발이 진행되고 있는 중이에요. 여기에는 지금까지 시험로를 설치하여 운영해 봤거나 설계해 본 경험이 있는 선진 4대 그룹인 유럽공동체(JET), 미국(TFTR), 일본(JT-60U), 그리고 러시아(T-20)가 모두 참여하여 같이 개발하려는 시도가 이루어지고 있어요. 그러니까 결국 선진국을 중심으로 하여 많은 나라가 협력하여 실험로를 설치하자는 생각인 셈이지요.

그래서 1979년부터 1988년까지 약 10년 동안 INTOR(International Tokamak Reactor)라는 실험로 장치에 대한 개념설계를 해왔던 겁니다. 그 다음에 이 장치와 연계하여 이 장치의 부족한 부분과 앞에서 설명한 시험로의 실험에서 쏟아져 나오는 많은 결과들의 장단점을 검토한 다음에 INTOR을 더욱 보완하여 ITER(International Thermonuclear Reactor)라는 장치를 내어 놓고, 지금 이 시간에도 그 개념 설계에 진력하면서 검토하고 있는 중이에요. 이 장치에 대한 개념 설계 작업(CDA)이 독일의 가르힝(Garching)에서 있었고, 뒤이어서 공학 설계 작업(EDA)이 가르힝, 일본의 나하, 미국의 샌디에고를 거점으로 하여 진행될 계획이에요. 당면한 과제로 설계 작업과 거기에 수반되는 연구 개발이 주된 임무가 될 겁니다.

성 양: 그러니까 실험로는 아직 그 형체가 나타나지 않았다는 말씀이시군요.

박 교수: 그래요. 아직 건설되지 않았고, 다만 종이 위에서 설계도로만 서서히 그 모습을 드러내고 있는 중이에요.

박 교수는 자료 파일에서 또 하나의 그림을 끄집어내다 말고, 목이 마른지 책상 서랍에 넣어두었던 음료수 두 개를 꺼내와 한 개를 성 양에게 권하고 나머지는 자신이 마시면서 한숨을 돌린다. 음료수를 마시면서 조금 휴식을 취한 박 교수는 아까 그 그림을 테이블 위에 보기 좋게 펼쳐 놓고 이야기를 계속해 나간다.

박 교수: 이 그림(그림 8-5)을 볼까요? 이것이 바로 ITER 장치입니다. 이것은 전체의 모양을 개념적으로 나타낸 본체에 해당되는 겁니다. 그림의 오른쪽 아래에 자의 눈금을 넣어서 전체의 크기를 가늠할 수 있도록 했으니 참고해 보세요. 높이가 30m, 폭이 30m 정도나 된답니다.

이 ITER 장치의 좀 더 자세한 규격을 살펴보면, 플라스마가 형성될 토러스의 주반지름이 6.0m, 플라스마 반지름이 2.15m, 전류를 흘려줄 펄스의 길이를 200초~2,000초로 하여 그것을 약 50만 번 운전한다는 계획이어서, 여기에서 방출할 출력은 100만 kW나 되는 걸로 설계되어 있어요. 그래서 이 장치로 비로소 '브레이크 이븐(break-even)'을 달성하려고 시도하고 있답니다.

244

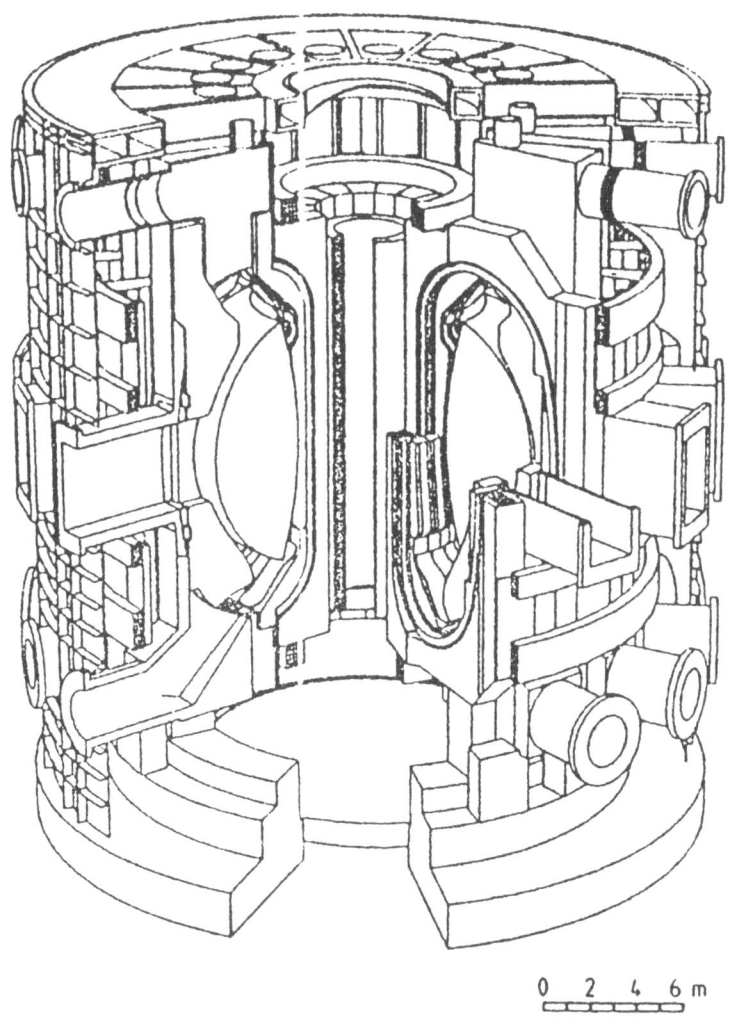

0 2 4 6 m

〈그림 8-5〉 실험로 핵융합 장치 ITER의 본체 개념 구성

성 양: 예? 브레이크 뭐라고 하셨습니까? 무슨 뜻이에요?

박 교수: 성 양이 그걸 놓칠 리가 있겠습니까? 처음 듣는 용어지요? 브레이크 이븐이라고 부르는데, 핵융합 장치를 운전하기 위하여 투입되는 총에너지보다 핵융합로의 반응으로부터 방출되는 에너지가 커질 경우를 이렇게 불러요. 더 알기 쉽게 설명하면 장치에 소요되는 에너지보다 생산되는 에너지가 더 많아서 수지면에서 이득이 되기 시작하는 경우를 말하는 거예요.

성 양: 그럼 지금까지의 시험로는 브레이크 이븐이 되지 못했나요?

박 교수: 물론 되지 못했어요.

시험로인 JET, TFTR, JT-60U와 같은 장치들은 글자 그대로 핵융합 반응으로 에너지를 얻을 수 있을지 어떨지를 시험해 보는 것이 주된 임무이므로 브레이크 이븐까지는 기대하지 않아요. 그러나 이런 장치들은 1990년대 후반까지 가동되면서 ITER 장치의 설계에 필요한 기초 자료들을 끊임없이 제공하는 중요한 역할을 계속해서 맡게 될 거예요.

아무튼 이 ITER 장치로 비로소 수지가 맞는 에너지를 만들어 내게 될 텐데, 이 장치에 소요될 예산 역시 방대하답니다. 지금까지 시험로를 가동시켰거나 설계했던 4개 그룹의 연구팀이 주축이 되어 공동 프로젝트로 연구를 진행할 것이므로 예산도 물론 이 4개 그룹이 주로 담당할 거예요. ITER 프로젝트는 건설에 4조원, 그리고 연구 개발에 24조원이 소요될 것으로 추정하고 있는 입장이랍니다.

어때요. 대단한 계획이지요? 우리나라의 1년 예산에 육박하는 거대한 프로젝트가 아닙니까?

성 양: 예, 그러네요. 굉장한 프로젝트군요.
그러면 이 ITER 장치는 언제쯤 그 모습을 보여주게 될까요?

박 교수: 지금 계획으로는 2010년에 가동시키는 걸로 일정이 잡혀있어요. 그러나 실제로 진행해 가다 보면 문제점들이 발생할 수가 있어서 다소 늦어질지도 몰라요.

그리고 ITER의 설치 장소는 아직 미정이에요. 국가 간의 경쟁력과 안보 문제 등에 대한 협력 체제 구축에 어려운 점이 있지만, 무엇보다 지적재산권의 소유와 이전 문제의 정리가 가장 큰 난제로 남아 있어요. 그러나 미국을 비롯하여 일본, 프랑스, 독일 등이 자국의 유치에 따른 이점을 내세워 강력히 유치를 희망하고 있는 실정이에요. 영국은 JET를 유치할 때 ITER의 유치는 포기하겠다는 약속 때문에 한 발짝 물러나 있는 입장이랍니다.

성 양: 예, ITER로 대표하는 실험로의 개발 실태를 잘 알았습니다. 그러면 실험로의 다음 단계는 또 무엇이 예정되어 있습니까? 교수님께서 핵융합로의 개발 예정 단계를 크게 3단계로 나누고, 그 중에서 지금까지 시험로와 실험로에 대하여 말씀하셨으니까, 아직 마지막 한 단계가 남아있는 걸로 압니다…….

박 교수: 역시 잊지 않고 잘 기억하고 있군요.
그 다음 단계에 나타날 핵융합로는 '실용로' 혹은 '상업로(Commercial Reactor)'라고 부르는 장치가 있어요. 말 그

대로 우리들이 직접 활용하여 실생활에 도움을 주게 되는 장치를 말한 답니다. 언제까지나 시험이나 실험으로만 일관해서야 실질적으로 아무런 소용이 없는 것 아니겠어요? 그래서 실용로를 개발하려고 계획하고 있어요. 물론 이 실용로는 아직 그 구체적 실현을 위한 설계까지도 생각하지 못하고 있는 형편이에요. 실험로의 대표격인 ITER가 아직 개념 설계 단계에 불과한 마당에 거기까지 여력이 미치지 않을 뿐만 아니라, 실험로에서 충분한 결과를 얻은 후에 그걸 기본 자료로 활용해야만 개선된 좋은 장치를 생각해 볼 수 있을 것이니까 말이에요.

성 양: 그야 그렇겠지요. '천 리 길도 한 걸음부터'라는 속담이나 '돌다리도 두드려 가면서 건너라'는 속담이 적합할지 모르겠습니다만, 점진적이고도 신중하게 진행시켜 가자는 뜻이겠지요.

박 교수: 바로 그런 뜻으로 생각하면 틀림없을 겁니다.

어쨌든 실험로의 다음 단계로 실용로를 생각하고 있는데, 이 실용로도 바로 개발해서 사용하자는 것은 아닙니다. 더욱 신중하고도 세밀하게 분류해서, 공학적 실증을 목표로 하는 '원형로', 경제적 실증을 목표로 하는 '실증로', 최종적으로 '동력로'가 만들어져, 그때에 가서야 비로소 핵융합로가 실용화되는 것으로 되어 있어요.

이 동력로에서 드디어 전기에너지로 발전시켜서 전기를 생산할 수 있게 됩니다. 이 동력로는 연속적으로 운전이 가능하도록 하여 핵융합 반응으로 방출하는 총 출력은 240만~350만 kW나 되고, 그 중에서 전기에너지로 변환이 가능한 에너지는 70만~120만 kW가 된다는 계산이 나와 있습니다. 지금 가동되고 있는 수력발전소와 원자력발전소에서 생산되는 전기에너지의 10배 정도나 되는 셈이지요. 전력 용량이 클 뿐만 아니라, 어제 이야기했던 것처럼 무엇보다도 거의 무한정한 연료의 공급을 가장 큰 이점으로 꼽을 수 있어요.

성 양: 예, 잘 알겠습니다.

지금까지는 교수님께서 이 핵융합로의 장점만 강조하셨는데, 결점은 전혀 없는 건지요?

예를 들어서, 지금 가동되고 있는 원자력발전소에서 나타나는 몇 가지 결점들을 이 핵융합발전에서는 완전히 해소할 수 있는지요?

박 교수: 역시, 성 양다운 날카로운 질문이군요. 좋은 질문입니다. 그 질문을 풀기 위하여, 먼저 지금의 원자력발전소에서 일어날 문제점들을 살펴보면, 대략 세 가지로 구분할 수 있어요. 이 내용은 지난 주 어느 시간엔가 잠깐 언급했을 겁니다. 그 첫째는 원자로 속에서 핵반응이 일어날 때 감마선을 비롯한 각종 방사능을 방출하고, 둘째로 원자로 자체의 열적, 역학적 피로로 인한 장치 자체의 안전이 확보되지 못할 때 첫 번째 지적한 방사능 누출은 더욱 심각하게 될 것이며, 마지막으로 다 쓰고 남은 죽음의 재라고 부르는 핵폐기물의 처리 문제 등을 꼽을 수 있지요.

그러면 이러한 결점들에 대한 핵융합로의 대안은 어떠하냐? 결론부터 말하면, 그 결점들을 완전하게 100% 해소시킬 수 있다고 말할 수는 없어요. 앞서 지적한 첫째 결점은 종국에 가서는 없앨 수 있지만, 우선 개발하려는 실험로나 실용로에서는 다소 감수해야만 합니다. 어제 이야기한 제어 핵융합 반응들 중 D-T 반응에서는 다소의 방사능 방출이 있게 되지만 핵분열형 원자로에 비하면 소량에 불과하고, 이 소량도 핵융합로에 설치한 블랭킷과 방사선 차폐층에서 완전하게 차폐할 수 있도록 설계되어 있어요. 그러나 종국에 가서는 D-D 반응에 의한 핵융합로가 가동되는 것이 목표이기 때문에, 이 경우에는 방사능의 방출이 월등하게 줄어서 거의 안심해도 좋을 정도가 됩니다.

둘째로 언급한 결점은 두 경우가 서로 별 차이가 없을 거라는 것이 솔직한 나의 판단입니다. 장치의 열적, 역학적 피로에 의한 안전 문제는 어느 쪽이나 거의 비슷한 정도의 문제점을 안고 있습니다.

그러나 세 번째로 지적한 핵폐기물 처리에 관한 문제는 이 핵융합로에서는 전혀 문제가 되지 않습니다. 핵융합 반응들을 보면 알 수 있듯이 반응 후의 생성물이 헬륨 기체나 삼중수소 기체에 지나지 않고, 이것들마저도 연료 회수계로 회수하여 재사용하도록 설계되어 있으므로 찌꺼기가 전혀 남지 않아요.

그러니 결론적으로 말하여 핵융합로를 사용할 경우는 핵분열로를 사용했을 때 발생할 문제점들을 적게 잡아도 약 70% 이상은 해소시킬 수 있다는 겁니다. 특히, 무엇보다도 가장 심각한 문제인 방사능과 핵폐기물이 거의 없게 되니 실질적으로는 거의 100%에 가깝게 해소시키게 되는 셈이지요.

성 양: 그런 의미로 '꿈의 에너지'란 말의 깊은 뜻을 한 번 더 실감하게 되겠네요.

그런데 교수님, 이렇게 좋은 '꿈의 에너지'가 왜 빨리 개발

되지 못하고 지지부진한 거예요? 핵융합 반응을 달성할 플라스마의 조건이 아직 부족하기 때문이라는 말씀은 이미 하셨습니다만, 그것뿐인 겁니까? 아니면, 또 다른 요인도 있는 겁니까?

박 교수: 물론 플라스마를 핵융합 반응이 일어날 정도로 만들어 주는 것도 중요하고, 그 밖에 핵융합로의 구성이 워낙 거대하면서 복잡하고 초극한 상황에서 운전되어야 하므로, 거기에 따르는 여러 가지 문제들도 해결해야 되는 겁니다. 이러한 문제점들도 어제 핵융합로의 구조를 설명하면서 그 마지막쯤에서 간략하게 네 부분으로 나누어서 설명했는데 기억이 안 납니까?

성 양: 아, 예, 노 시스템을 구성하고 있는 요소에 따라 각 부분별로 설명하셨던 걸로 기억되는군요. 알겠습니다.

박 교수: 물론 어제는 그 문제점들에 대하여 간단하게 설명했지만, 그들을 해결하기 위해서 복잡하고도 수많은 이론이나 실험을 수행해야 하고, 또 현재 수행해 나가고 있는 중이에요.

그 중에서 가장 큰 이슈가 되고 있는 대표적인 것 몇 가지를 열거해 보면 다음과 같아요.

노심 플라스마를 효과적으로 가열시키는 방법, 노심으로부터 도망가는 플라스마나 불순물을 잘 처리할 수 있도록 '다이버터(diverter)' 장치 등의 설치와 개선 방법, 내열과 내부식성을 충분하게 가지면서 강도가 충분하게 큰 제1벽 재료의 개발, 초전도 전자석 개발, 그리고 노 전체를 구성할 때 전자기력이나 열팽창 등에 따르는 역학적 구조 공학 등이 그것들이에요.

성 양: 아이고, 자꾸 새로운 용어들이 등장하고 전문 용어들로 설명하시니 뭐가 뭔지 모르겠고 더욱 어려워지는군요.

토카막 장치에 의한 핵융합로 개발은 이쯤에서 끝내도 될지 모르겠습니다.

박 교수: 거 봐요. 자꾸 깊게 파고들다가 큰 바위를 만난 느낌이지요?

그럼, 토카막 장치에 의한 핵융합로의 개발에 대한 이야기는 이 정도로 끝내고, 비록 이 토카막에는 훨씬 못 미치지만 다른 종류의 장치에 의한 핵융합로의 개발도 간략하게 몇 가지 대표적 장치만 살펴보면서 참고로 합시다.

성 양: 그게 좋겠습니다. 그렇잖아도 어제부터 그 점에 대하여 생각해 왔고, 한 번쯤 여쭤 보려던 참이었는데, 워낙 토카막 핵융합로의 이야기에 몰입하여 잊어버렸습니다.

토카막 이외의 다른 장치들에 의한 핵융합 개발현황은 어떤지에 대하여도 잠시 말씀해 주시면 감사하겠습니다.

박 교수: 그렇게 합시다.

토카막 장치 다음으로 기대를 하고 있는 장치로는 자기 미러가 있는데, 이 자기 미러 장치도 초기의 단순한 구조를 개선하고 보완을 거듭한 후에 탄뎀 미러라는 새로운 장치로 고급화시켜서 설치하기에 이르렀어요.

오늘 이야기한 첫 부분에서 핵융합 장치의 개발 진전 상황을 도표로 나타냈지요?(그림 8-1 참조) 이 그림에서는 주로 토카막 장치의 개발 진전 상황을 나타내고 또 그 부분만 설명을 했습니다만, 그림의 아래 부분을 보면 ABCD로 표시한 또 다른 계열의 진전 상황이 나타나 있지 않습니까? 이 계열이 바로 자기 미러 장치들에 의한 진전 과정이랍니다.

탄뎀 미러 장치는 1970년대 후반에 미국의 LLL(Lawrence Livermore Labaratory)에 2X-II 및 2X-IIB라는 중형 장치가 설치되고, 일본 쯔쿠바 대학에 GAMMA 장치들이 설치되면서 본격적인 연구가 시작된 겁니다. 이 〈그림 8-1〉에서 A와 B가 있는 지점들이 그들이랍니다. 그 후에 다시 이 장치들을 개선 보완하여 고급화하고 더 큰 장치인 TMX 또는 TMX-U가 LLL에, GAMMA-6와 GAMMA-10이 쯔쿠바 대학에 각각 설치되어서 상당히 활발한 연구가 이루어져 오면서 좋은 결과들을 1990년대 초까지 속속 발표해 왔습니다. 그래서 LLL에서는 이 자기 미러 구성으로 핵융합로의 시험로까지 개발해 보려고 이 그림(그림 8-6)에 나타낸 것과 같은 시설을 개념 설계까지 하게 되었던 거예요.

이 장치를 MFTF-B(Mirror Fusion Test Facility-B)라고 명명하여 설계하고 그 설치에 만반의 준비를 해왔던 겁니다.

그러나 토카막에 의한 연구 성과가 워낙 두드러지게 우수하여 그쪽으로 많은 투자가 있게 되자, 이 자기 미러에 의한 핵융합 개발은 심하게 위축되어, 이제는 그 연구 개발이 거의 멈춘 상태나 마찬가지라고 봐도 좋을 거예요. 그래서 미러 장치에 의한 핵융합 연구는 20년도 채 안 되는 기간 동안 많은 업적을 남겼으나 1990년 초반에 들어서면서 사양길로 접어든 겁니다.

성 양: 그거 안됐군요.

그 동안의 노력과 투자가 아깝지 않습니까?

박 교수: 그렇긴 해요. 하지만 대세가 토카막 쪽으로 기울어진 걸 어떻게 합니까?

그러나 이러한 미러 장치에 의한 핵융합 연구가 전적으로 허사만은 아니랍니다. 그 연구에서 얻은 많은 결과를 토카막을 비롯한 다른 장치의 연구에 기초 자료로 활용할 수 있을 테니까 말이에요.

성 양: 그 외에 또 다른 장치들에 의한 성과는 어떠한지요?

박 교수: 그 밖에 비교적 좋은 성과를 얻고 있는 장치는 스텔라레이터 장치나 이것과 토카막을 혼합시킨 복합형 토카막 등이 있지요. 이들에 대한 대표적 장치들은 독일의 Wendelstein-VIIU, 일본 NIFS(National Institute for Fusion Science)의 LHD(Large Helical Device), 교토 대학의 Heliotron-E, 나고야 대학의 JIPP -TIIU 등을 들 수 있어요. 이들에 의한 실험도 좋은 결과들은 얻고 있지만 대형 토카막들의 결과에는 미치지 못하고 있습니다.

그 외에도 토르사트론 장치나 토카막을 변형시킨 스페로막, 서어막, 기타 콤팩트 토카막 등 여러 장치들을 설치하여 괜찮은 결과를 얻고는 있으나, 이들 역시 대형 토카막에 의한 그 결과에는 훨씬 미치지 못하고 있는 실정이에요. 그렇지만 이들 결과가 대형 토카막 실험에 좋은 기초 자료가 되는 가치 있는 결과를 제공하게 되는 예시가 많기 때문에 그것을 결코 가볍게 볼 수는 없어요. 모두가 좋은 역할을 맡고 있는 가치 있는 연구들이지요.

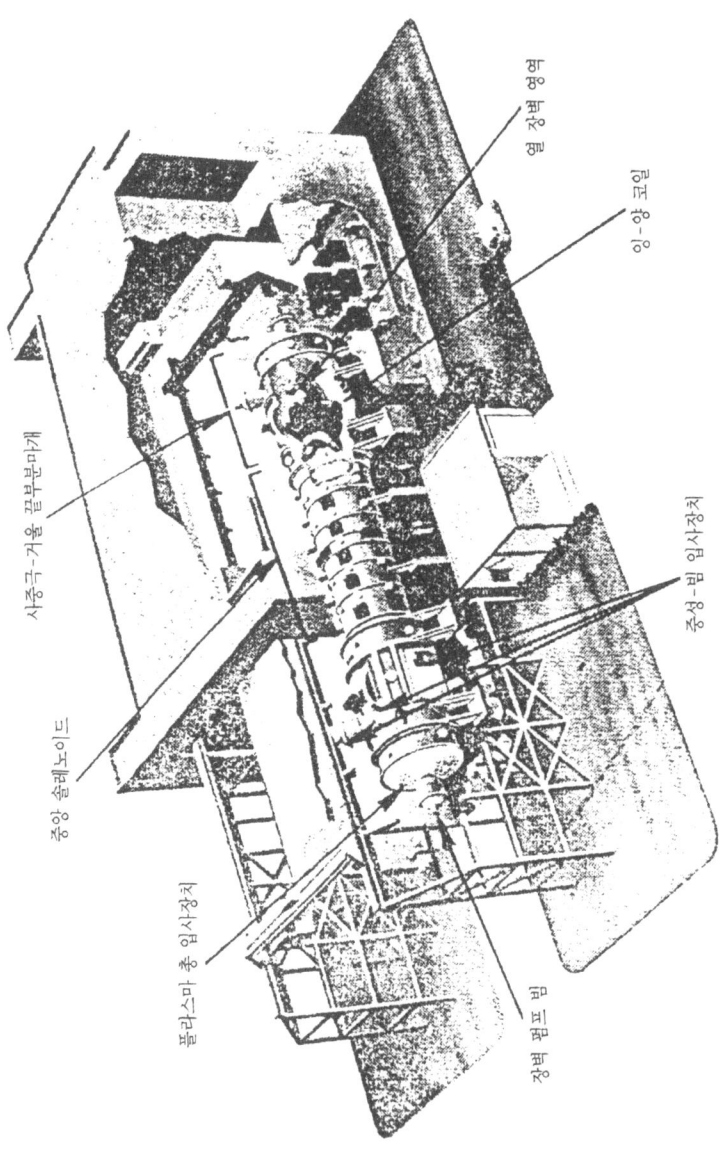

〈그림 8-6〉 탄뎀 미러 구성에 의한 핵융합 시험로 MFTF-B의 개념도

8. 핵융합 장치의 개발 실태와 전망을 살펴볼까요?   255

　나머지 또 한 가지로 레이저 핵융합을 들 수 있겠는데, 이 경우에 해결해야 할 숙제들이 네댓 가지가 있다고 어제 (7장) 마지막 부분에서 설명했지요? 그러한 어려움 때문에 레이저 핵융합도 별로 낙관적으로 생각할 수 없는 방법으로 알려져 있지만, LLL이나 일본 오사카 대학 레이저 핵융합 연구소 등에서는 토카막 장치의 시설과 대등한 시설을 설치해 두고 맹렬하게 연구를 계속하고 있어요. 한 10년 전에 나도 이 시설들을 견학할 기회가 있어서 둘러보았는데, 정말 눈이 번쩍 뜨일 정도로 거대한 시설들이더군요. 지금 내가 있는 이 제1과학관 건물은 4층짜리치고 큰 건물에 해당되는데, 이 정도 규모의 건물 전체에 한 시설이, 그것도 본체만 빼곡히 들어차 있더군요. 정말 대단하더군요. 지금도 출력이 큰 새로운 레이저를 개발해 보려고 진력을 다하고 있는 중이랍니다.

　어때요. 이 정도로 토카막을 비롯한 여러 장치들에 의한 핵융합로 개발의 진척 상황과 해결해야 할 문제점들에 대한 이야기를 마무리하는 게 어떨까 합니다. 물론 이 내용들을 자세하게 이야기하려면 이 자료들을 보면 짐작할 수 있겠지만 굉장히 많아요. 전 세계적으로 수많은 연구소나 대학에 설치해 둔 각종 플라스마 핵융합 실험 장치가 모두 나름대로의 특징을 가지고 있고, 또 각 장치들에서 연구해야 할 물리적, 기계적, 전기적 요소들이 모두 특성이 다르니까 그들을 전부 소개하여 설명한다는 건 도저히 무리입니다.

　박 교수는 연구실 내 동쪽 벽을 각종 서적과 자료들로 꽉 메운 책장들 중에서 꽤 많은 분량의 자료 파일이 꽂혀진 곳을 가리키며 이렇게 설명을 정리해 나간다.

그리고는 약간 피곤했던지 구부리고 있던 상체를 뒤로 젖히면서 크게 기지개를 켠다.

일주일도 넘게 매일같이 이런 대화를 계속해 왔으니 피곤할 만도 하리라. 아무리 자신의 전공에 관한 이야기이고, 늘 관심을 가지고 접하는 분야라고 하지만, 그 내용을 다시 정리하여 문외한인 상대방에게 가급적 알기 쉽도록 조리 있게 이야기해 주는 작업이란 수월한 일은 아닐 것이다.

생각이 여기에 미치자 성 양은 지금까지 막연하게만 가졌던 미안한 마음이 더욱 깊어짐을 느낀다. 성 양은 지금 진행해 가고 있는 이야기의 줄거리로 짐작하건대 이제 정말 종착역에 다 온 것 같은 느낌도 들고 해서 박 교수가 충분하게 쉬도록 잠시 기다린 후에 다시 입을 열었다.

성 양: 많이 피곤하시지요? 오늘 이 이야기가 끝나고 나면 댁에 가셔서 곧 쓰러지시는 건 아닌지 모르겠습니다.

박 교수: 쓰러지면 성 양이 책임져 주겠지. 허허허.
 약간 피곤한 건 사실이지만, 그 정도는 아니니까 걱정 말아요. 괜찮아요.

성 양: 그럼, 마지막이 될지도 모르겠지만, 한 가지만 더 여쭈어 봐도 되겠습니까?

박 교수: 물론 좋습니다.
 사실 이제 성 양 정도 수준인 사람에게는 플라스마 핵융합에 대한 이야기는 웬만큼 다 설명해 주었고 남은 것이 별로 없을 것으로 생각되는데, 또 무슨 문제를 들고 나올지 염려가 되는군요. 허허허.

성 양: 이제 좀 가벼운 질문이 될 테니까, 걱정하지 마시고 아시는 대로 가볍게 말씀하셔도 될 겁니다.

다름 아니라 플라스마 핵융합 개발에 대한 우리나라의 현황과 전망은 어떤지 알고 싶습니다. 제가 처음에 교수님을 찾아뵙게 된 동기가 바로 이것 아니었습니까? 우리나라 대통령이 미국까지 가서 우리도 이 핵융합 개발에 동참하고 국제 공동 연구에 적극 참여하겠노라고 한 만큼 어느 정도의 자신이 있는 것같이 느껴집니다만…… 어떤지요?

박 교수: 예, 그 문제는 반드시 짚고 갈 줄 알았습니다. 이제 그 이야기로 마무리를 지어보도록 합시다.

그렇지만 이 질문이 결코 가벼운 질문만은 아니랍니다. 한 마디로 요약한다면 '뜨거운 감자'로 표현하고 싶군요. 삼키기는 반드시 삼켜야만 하겠는데, 뜨거워서 삼키기가 힘든 뜨거운 감자 말입니다.

지금 전 세계에서 선진국들은 물론이고 인도, 중국, 파키스탄, 아르헨티나, 폴란드 등등의 중진국들까지 핵융합 개발에 착수하여 장치를 건설하면서 공동 연구에 열을 올리고 있어서 어림잡아 모두 60~70군데에서나 활기찬 연구가 진행되고 있어요.

이런 상황에서 우리만 못 본 체하면서 손 놓고 가만히 앉아 있다가는 나중에 과학 종속국이 될 수밖에 없는 처지로 전락할 것이 불을 보듯 뻔한 일이니까요. 그 좋은 선례가 있지 않아요? 지금 가동되고 있는 원자력(핵분열형) 발전소가 도입될 초기에는 열강들이 개발한 시설을 그들의 독식 상태에서 고스란히 그대로 들여온 것 아닙니까? 지금은 많이 좋아졌지만, 초기에는 그들이 해주는 대로 받고만 있었으므로 나중에 문제점이 발생하거나 하자가 있어도 옴짝달싹도 못했지 않아요?

　이 핵융합 개발도 우리가 가만히 앉아만 있으면 그와 똑같은 전철을 밟게 되지요. 그런 전철을 밟지 않기 위해서는 우리도 그 개발에 본격적으로 착수해야 하고, 국제적으로 이미 진행되고 있는 연구 프로젝트에 반드시 참여해야 할 거예요. 이러한 배경 때문에 우리 대통령이 그렇게 선언하게 된 겁니다.

성 양: 그렇다면, 이 핵융합로에 의한 에너지 개발은 반드시 필요하므로 곧 착수하여 추진하면 되겠군요.

박 교수: 그게 말처럼 그렇게 수월하게 될 수 있으면 얼마나 좋겠습니까만, 그렇게 간단하지만은 않으니까 염려하는 거지요.

성 양: 무엇이 문제입니까?

박 교수: 모든 일이 다 그러하듯이 어떤 일을 착수함에 있어서 소요되는 필수적 요소는 인적, 물적 지원이지요. 이 중에서 물적 지원인 예산은 국가나 대기업 등에서 합동으로 담당해야지 일개 연구소 단위로는 어림도 없을 거예요. 앞에서 선진국들에 설치한 장치의 예산을 언급한 바 있어서 짐작할 수 있겠지만 워낙 방대한 예산이니까요. 그러나 우리나라의 현재의 경제 규모라면 대형 장치는 힘들겠지만 중형 정도의 장치는 그 설치에 큰 무리는 없다고 봐요. 물론 부담이 클 것은 틀림없겠지만요.

　그 다음은 인적 지원 문제인데, 우리나라의 현재 상태로는 이 부분이 오히려 더 취약한 문제가 아닌가 생각해요. 이 인력이란 단순 노동을 담당하는 인력이 아닙니다. 그야말로 플라스마 핵융합 분야의 박사급 전문가와 기계공학, 재료공학, 전기전자공학, 컴퓨터공학, 원자핵공학, 수리해석학 등을 전공한 박사급 연구자가 수십 명도 아닌 수백 명이 소요되는데, 현재 국내에서 이러한 연구자들을 다 끌어 모아도 수십 명 정도밖에 되지 않을 거예요. 그래서 앞으로 이 핵융합 연구를 계속하려면 연구 자체의 추진과 병행해서 전문 인력 양성에도 힘을 기울여야 한다고 봐요.

성 양: 아, 그렇군요. 그런데 교수님, 우리나라에서는 지금까지 이 분야에 대한 연구가 전혀 없었던 겁니까? 혹시 있었다면 어느 정도 이루어져 왔습니까?

박 교수: 있었지요. 그렇지만, 선진국들에서 진행해 오고 있는 연구들에 비하면 예산이나 시설의 규모면에서 볼 때, 없었다고 봐도 좋을 정도예요.

그러나 국내의 몇몇 대학이나 연구소에서 소수의 연구 인력이 달라붙어서 산발적으로 연구를 지속해 온 것만으로도 그나마 다행으로 생각합니다. 열악한 여건에서도 조금씩이나마 연구를 지속시켜 온 국내에 몇 안 되는 연구자들의 노고에 뜨거운 찬사를 보내 줘야 할 거예요.

우리 국내에서 플라스마 핵융합 연구가 본격적으로 시작된 것은 아마 1982년에 한국 물리학회 안에 플라스마 물리분과가 탄생한 후가 아닌가 해요. 그 이전에도 홍보나 기초 자료 조사 정도는 있었으나, 본격적인 실험 또는 이론 연구가 시작된 것은 이쯤에 선진국에서 이 분야의 연구가 활발함에 힘입어, 이 분야를 연구하여 박사학위를 취득하고 귀국한 몇몇

학자들과 국내에서 전공한 학자들 5, 6명이 중심이 되어 이루어졌어요. 본인도 그 중에 한 사람이었습니다만.

그래서 이들이 그 이후에 어려운 환경 속에서도 산발적으로 이루어 낸 성과들은 이래요.

먼저 A대학교에서 79년도형 토카막 장치를 그 당시 장치로는 꽤 큰 규모로 설계하고 건설해 왔으나, 예산이나 인력의 태부족으로 장치를 한 번 작동시켜 보지도 못하고 방치해 두고 있답니다. 그러니 몇 연구자의 의욕과 소액의 예산만으로는 핵융합 연구가 이루어질 수 없다는 좋은 교훈을 얻은 셈이지요.

이와 비슷한 시기에 원자력연구소에서 소형 토카막 KT-1을 설계하고 설치하여 나름대로 몇 가지 실험들을 진행해 왔지만, 선진국들의 장치들에 비하면 워낙 소형이라서 가치 있는 결과들은 기대할 수 없었답니다. 그 규모로 봐서는 장난감 수준이라고 한다면 지나친 과소평가가 될지 모르겠습니다. 그러나 이렇게 소형 장치일지라도 여기서 얻은 노하우들을 잘 활용하면 그 다음 단계의 더 큰 장치를 설계하는 데 상당한 도움을 얻을 수 있을 겁니다. 실제로 원자력연구소의 핵융합 개발팀에서는 더 나은 장치를 위하여 꾸준하게 연구개발을 계속해 가고 있어요.

또, 동대학은 미국 텍사스 주립대학에 설치해서 실험연구를 해 왔던 소형 토카막 장치의 일부를 넘겨받아 재설치하면서 토카막 플라스마에 관한 특성 몇 가지를 연구해 오고 있는 중이에요.

그리고 표준과학원 내 기초과학지원연구소는 미국 MIT에

8. 핵융합 장치의 개발 실태와 전망을 살펴볼까요?

설치해서 제법 많은 연구 결과를 얻은 탄템 미러인 TARA ('빛의 신'이라는 뜻)라는 장치의 일부를 역시 넘겨받아 '한빛'이라는 이름을 붙여 연속 작동이 가능한 장치로 개발하면서 연구를 추진하는 중이에요. 이 장치는 우선은 탄템 미러의 한쪽만 설치하여 실험하는 중이지만, 장차 토카막을 설치할 경우에 대비하여 기초 실험 연구가 그 주된 임무가 될 거예요.

성 양: 그래도 여기저기서 핵융합에 관한 연구를 나름대로 열심히 하고 있군요.

그럼, 교수님께서는 어떤 연구를 하고 계신지요?

박 교수: 내 나름대로 플라스마의 특성을 조사하는 실험 연구를 좀 했지만, 우리나라의 대학 단위에서, 그것도 한 연구실에서 해낼 수 있는 인적, 물적 제약 때문에 별로 이렇다 할 가치 있는 결과를 내지 못해서 부끄럽습니다.

그렇지만 내게 주어진 여건에서 최대한 노력하여, 아주 조그만 탄템 미러를 설계하고 설치하여 몇 가지 기초 실험은 했습니다. 모델 실험이었다고나 할까요.

그리고 국제개발은행 차관자금 10만 달러짜리가 내 연구에 배당이 되었기에, 이걸로 중형의 플라스마 포커스 장치를 설계하고 설치하여서 1989년 초부터 현재까지 계속하여 이 장치에서 생성되는 플라스마의 기본 성질과 이 플라스마로부터 방출하는 X-선을 비롯한 각종 복사선을 조사 분석하고 있는 중이에요. 주어진 내 형편에 맞게 무리 없는 연구를 하고 있는 셈이지요.

성 양: 그래도 황무지와 같은 우리나라 핵융합 연구에 그런 기여를 하시니 그게 어딥니까? 대학이니까 인력 양성도 하실 거구요.

박 교수: 부끄럽습니다.

성 양: 겸손의 말씀을 하십니다. 그러면, 앞으로 우리나라의 핵융합 연구나 개발에 대한 전망은 어떻게 보십니까?

박 교수: 예, 조금 전에도 말했듯이 핵융합에너지를 개발해야 되겠다는 당위성 때문에 개발은 꼭 해야 되겠지요. 그리고 이제 이 분야의 전문 연구자뿐만 아니라 정부 당국자나 대기업체에서도 그 개발의 필요성을 인식하고 뒷받침을 해주겠다는 의지가 되어 있는 것 같으니까 잘 추진되리라고 믿어요. 문제는 이 핵융합 개발에 얼마나 많은 전문 연구자를 확보하고, 그들이 얼마나 단결하여 의욕적으로 이 작업에 헌신하느냐 하는 점이에요.

다행히도 정부의 적극적 지원과 관련 연구자들의 의욕에 찬 추진력에 힘입어 국가적 핵융합 연구 개발 사업의 중추 역할을 담당할 '핵융합 연구개발 사업단'을 구성하여 그 현판식을 1996년 1월 13일 기초과학지원연구소에서 가지게 되었어요. 말하자면 우리나라도 핵융합 연구 개발에 본격적으로 참여하였고 국제적 협동 연구도 가능하게 된 셈이지요.

비단 외형적 출발이 이루어진 것뿐만 아니라 내면적으로도 각종 지원 조직이 이루어져 이 개발 사업단을 탄생시키기까지 '기획자문위원회'가 운영되었고, 앞으로 사업단의 운영을 위한 정책 수립이나 사업의 추진을 위한 '국가 핵융합 연구

8. 핵융합 장치의 개발 실태와 전망을 살펴볼까요? 263

개발 위원회'를 설치하고, '실무위원회'도 구성하고 있어요.

 사업추진 일정을 살펴보면, 제1차년도 사업으로 1995년 12월 28일부터 1996년 8월 14일까지 65억 원을 투입하여 장치의 각 부분에 대한 기초 설계가 끝났고, 제2차년도 사업은 1996년 8월 15일부터 1997년 8월 14일까지 110억 원 정도를 투입하여 본격적인 개념 설계와 공학 설계가 이루어지는 걸로 되어 있어요. 그래서 2001년까지 약 1,500억 원이 투입되어 핵융합 연구 장치의 건설이 완성되는 걸로 계획되어 있어요. 물론 이 계획들은 연도별로 사업이 추진되는 과정에서 사업비의 규모나 계획이 다소 수정될 수도 있을 거예요. 아무튼 계획은 확실하게 수립해 둔 상태랍니다.

성 양: 예, 그나마 다행한 일이라고 할 수 있군요. 그런데 교수님, 앞으로의 연구 계획은 잘 알겠습니다만, 어떠한 장치가 어떤 목적으로 설치될 예정인지에 대하여도 좀 말씀해 주십시오.

박 교수: 아이고 이런, 내 정신 좀 봐. 순서가 바뀌었네.
 그 장치는 물론 토카막 장치예요. 더 구체적으로 말하면 '차세대 초전도 토카막 핵융합 연구 장치'로 그 이름을 'KSTAR'(Korea Superconducting Tokamak Research)라고 붙였지요. 따라서 국가 핵융합 연구개발 사업명은 KSTAR 프로젝트로, 연구 장치명은 KSTAR 장치로 부르게 될 거예요. 그 규모는 주 반지름이 1.8m, 소반지름이 0.5m 정도로 대형이라고 할 수는 없겠지만, 초전도 자석을 사용하는 등 각종 최첨단 재료들을 사용하여 대형 장치의 성능에 근접하는 장치가 되도록 최선을 다하여 설계하고 있는 중이랍니다.

이 장치의 자세한 구성들은 개념 설계가 완성되고 난 후에라야 알게 될 거예요.

성 양: 예, 우리나라도 지금 핵융합 개발연구를 본격적으로 착수하여 진행해 가고 있는 것만은 틀림없는 사실이군요. 무척 반가운 일입니다.

그런데 교수님 말씀을 들으니까 이 KSTAR 장치가 그 규모나 성능 면에서 지금 가동되고 있는 JET 장치나 TFTR 장치, JT-60U보다 부족하다는 느낌이 드는데, 무슨 목적으로 이 장치를 설치하여 연구하려는지 얼른 납득이 되지 않는군요.

박 교수: 예, 그럴 겁니다.

장치의 각 부분을 하나하나 열거해 가면서 그 개발 목적을 설명하기는 곤란하고, 여기서는 전반적으로 KSTAR를 설치하려는 목적을 알아봅시다.

앞에서 설명한 것처럼 현재 가동 중인 세계 3대 토카막(JET, TFTR, JT-60U)들은 21세기 초에 그 수명을 다하고, ITER 장치는 2010년경에 본격 가동하도록 계획되어 있어서 2001년부터 2010년 사이에 핵융합 연구가 약간 슬럼프에 들어갈 가능성이 크다고 보고 있어요.

따라서 우리나라는 이러한 시기적 배경을 잘 활용하여 선진국과의 핵융합 연구 개발의 장벽이 더욱 높아지기 전에 기반 기술을 확보하여 그들과 어깨를 겨룰 '클럽 멤버'에 동참해야 되겠다는 목적으로 추진해 가고 있어요. 좀 더 구체적으로 말하자면, 첫째 목표는 지금 말한 중간진입 전략을 활용하여 21세기 초까지 차세대 초전도 토카막 핵융합 연구장치인 KSTAR를 국제 공동 협력을 통하여 국내 기술로 건설하여 선진국 수준의 핵융합 연구 능력을 확보한다는 것이며, 두 번째 목표는 ITER 장치가 가동되기 전까지 세계 수준의 핵융합 기술을 확보하여 핵융합에너지 개발을 위한 대형 국제 공동 연구에 동등한 자격으로 참여할 수 있는 연구 기반을 확보한다는 것 등 두 가지로 요약할 수 있어요.

성 양: 아하, 그러니까 대통령께서 미국까지 나가셔서 그런 말씀을 하셨군요. "우리나라도 꿈의 에너지인 핵융합의 개발에 나설 것이며, 선진국들과 대등한 자격으로 공동 연구에 참여하겠다."라고 말이에요.

물론 국력의 과시를 위한 정치적 뜻도 포함되어 있었겠지만, 실질적으로 이만큼 자신 있게 계획하고 추진하고 있으니까 한 번쯤 큰소리 낼 만도 하겠군요. 우리 다 같이 축하할 일이로군요.

교수님, 비록 음료수지만 우리 같이 한 번 축배를 드는 게 어떻겠습니까?

성 양은 아까 마시다 조금 남은 음료수를 들고 축배를 한다. 박 교수는 얼떨결에 음료수를 마주 부딪치며 성 양의 축배에 응하나 속마음이 개운하지만은 않다.

박 교수: 글쎄, 벌써 이런 축배를 들어도 될지 어떨지 모르겠는데? 우리는 너무 서둘러서 샴페인을 터뜨리는 경향이 있어서 말이야.

핵융합 연구란 게 워낙 복잡하고 난해한 문제가 많고, 또 워낙 방대한 예산과 전문 인력이 소요되는 프로젝트이기 때문에 앞으로 험난한 길이 첩첩이 널려 있어서 솔직히 걱정도 많이 됩니다. 이제 겨우 출발점에 서있으니까 말이에요. 부디 잘 진행되기를 기원할 따름입니다.

성 양: 잘 되겠지요, 뭐. 우리 속담에 '시작이 반'이라는 말도 있지 않습니까? 출발했으니까 이미 반은 이루어졌다고 봐도 좋지 않습니까?

박 교수: 우리 국민 모두가 성 양처럼 그렇게 낙관적으로 봐주고 적극적 지원과 협조가 있다면 잘 되어 가겠지만…….
 어쨌든 잘 추진되도록 다 같이 노력해 나가야 되겠지요.
 어때요, 이야기 여행이 이만큼 달려 왔으니 이제 뭐가 좀 보입니까? 드디어 종착역에 다다랐습니다.
 지난 주 초에 헐레벌떡 내게 찾아와서 '꿈의 에너지, 핵융합'이 뭐냐고 약간 당돌하게 물어 왔을 때는 솔직히 좀 황당하기도 하고, 어떻게 하면 이 새로운 첨단과학을 국문학을 전공하는 성 양에게 알기 쉽게 이해시킬 것인가 하고 좀 난감하기도 했어요. 그러나 내 나름대로 줄거리를 잡아서 알기 쉽도록 이야기를 하느라고 애는 썼는데 잘 이해가 되었는지 모르겠군요.

성 양: 모두 다 이해했다면 거짓말이겠지요?
 그러나 전문용어나 전문적 내용은 상세하게 몰라도 핵융합이 에너지와 어떤 관계가 있고, 왜 꿈의 에너지라 부르며, 그 개발의 현황과 전망은 어떠한지에 대해서는 대략 파악할 수 있을 것 같습니다. 이 대화를 처음 시작했을 때와 비교한다면 저에게는 핵융합이라는 내용에 관한한 굉장한 지식의 축적이 있었다고 자부할 수 있습니다. 이제 이 핵융합에 대한

문제라면 누구에게든지 제 나름대로 줄거리를 잡아서 자신 있게 설명해 줄 수 있을 것 같습니다.

박 교수: 그거 아주 다행한 일이군요. 큰 보람을 느낍니다. 그러면 이제 많이 홍보해 주기 바랍니다.

성 양: 제게 그만한 영향력이 있겠습니까만, 교수님께서 2주일 가깝게 저에게 베풀어 주신 열의에 조금이라도 보답하는 일은 최선을 다하여 널리 알리는 일이라고 생각하고 최대한 노력을 하겠습니다.

그 동안 긴 시간을 할애해서 저에게 충분한 설명을 해주셔서 거듭 감사하다는 말씀을 드립니다. 늘 건강하시고 하시는 연구에도 많은 발전이 있기를 바랍니다.

그럼 안녕히 계십시오.

박 교수: 예, 성 양도 부디 건강하고 학업에 큰 발전이 있기를 바랍니다. 잘 가요. 그리고 시간 나면 또 놀러 와요.

박 교수가 작별의 뜻으로 내민 손을 두 손으로 감싸 잡은 성 양은 마음속으로 우러나는 감사의 뜻으로 따뜻한 눈길을 박 교수의 동공 속에 심어주는 수밖에 없었다. 매일 두 시간 이상씩 여드레 동안이나 자상하고도 알기 쉽도록 설명해 준 데 대한 보답은 어떤 물질이나 하찮은 사례의 말보다 성 양 자신이 박 교수가 이야기해 준 내용에 대하여 지적 세계를 더욱 넓힘은 물론이고, 많은 사람들에게 널리 알리는 일이라고 확신하면서, 다시 그러기로 다짐해본다.

현관까지 배웅해 주는 박 교수와 헤어져 건물 밖으로 나온 성 양은 긴 여정을 끝낸 사실에 안도하면서 크게 심호흡을 해

본다. 아직 뜨겁지만 싱그러운 캠퍼스 내의 대기가 폐부 깊숙이 들어오면서 정신이 상큼해지고, 눈앞이 한결 밝아져 기분이 아주 좋았다.

　귀청이 찢어질 정도의 금속 마찰음 소리로 울어대던 매미떼의 울음도 어느덧 그쳤고, 하늘도 한결 푸르고 높게 보이니 가을이 어느덧 저만큼 와 있는 것 같다.

　성 양은 올 가을에 좋은 일들이 많이 일어날 것 같은 예감이 들어 마음과 발걸음이 한결 가벼워진다. 높아만 가는 하늘을 한 번 둘러보고 서둘러서 대학신문사가 있는 건물 쪽으로 발길을 돌린다.

참고문헌

1) 고토 켄이치 지음, 박덕규 옮김, 『플라스마의 세계』, 전파과학사 (1991)
2) 박덕규 지음, 『플라스마 및 핵융합물리학』, 형설출판사(1985)
3) Joseph Priest, *Energy 4'thed.*, Addison-Wesley(1991)
4) Roy Meador, *Future Energy Alternatives*, Ann Arbor Science(1978)
5) A. A. M. Sayigh, *Solar Energy Engineering*, Academic Press(1977)
6) R. S. Pease et al. organ, and ed., *The JET Project and The Prospects for Controlled Nuclear Fusion*, The Royal Society of London(1987)
7) F. F. Chen, *Introduction to Plasma Physics*, Plenum Press(1974)
8) K. Miyamoto, *Plasma Physics for Nuclear Fusion*, The MIT Press(1980)
9) 朝日新聞科學部, 『あすのエネルギー』, 朝日新聞社(1974)
10) 宮本健郞, 『新エネルギー槪論』, 共立出版(共立全書 225)(1979)
11) Scientific American Book, *Energy and Power*, W. H. Freeman and Company(1971)
12) A. H. Spano compiled, *Largy Tokamak Experiments*, (Conference Report) Nuclear Fusion 15, 909~931(1975)

꿈의 에너지, 핵융합
제4의 물질상태로 세4의 불을 지펴라

1 쇄 1997년 06월 10일
중쇄 2018년 02월 09일

지은이 박덕규
펴낸이 손영일
펴낸곳 전파과학사
주소 서울시 서대문구 증가로 18, 204호
등록 1956. 7. 23. 등록 제10-89호
전화 (02)333-8877(8855)
FAX (02)334-8092
홈페이지 www.s-wave.co.kr
E-mail chonpa2@hanmail.net
공식블로그 http://blog.naver.com/siencia

ISBN 978-89-7044-183-2 (03420)
파본은 구입처에서 교환해 드립니다.
정가는 커버에 표시되어 있습니다.

도서목록
현대과학신서

A1 일반상대론의 물리적 기초
A2 아인슈타인 I
A3 아인슈타인 II
A4 미지의 세계로의 여행
A5 천재의 정신병리
A6 자석 이야기
A7 러더퍼드와 원자의 본질
A9 중력
A10 중국과학의 사상
A11 재미있는 물리실험
A12 물리학이란 무엇인가
A13 불교와 자연과학
A14 대륙은 움직인다
A15 대륙은 살아있다
A16 창조 공학
A17 분자생물학 입문 I
A18 물
A19 재미있는 물리학 I
A20 재미있는 물리학 II
A21 우리가 처음은 아니다
A22 바이러스의 세계
A23 탐구학습 과학실험
A24 과학사의 뒷얘기 1
A25 과학사의 뒷얘기 2
A26 과학사의 뒷얘기 3
A27 과학사의 뒷얘기 4
A28 공간의 역사
A29 물리학을 뒤흔든 30년
A30 별의 물리
A31 신소재 혁명
A32 현대과학의 기독교적 이해
A33 서양과학사
A34 생명의 뿌리
A35 물리학사
A36 자기개발법
A37 양자전자공학
A38 과학 재능의 교육
A39 마찰 이야기
A40 지질학, 지구사 그리고 인류
A41 레이저 이야기
A42 생명의 기원
A43 공기의 탐구
A44 바이오 센서
A45 동물의 사회행동
A46 아이작 뉴턴
A47 생물학사
A48 레이저와 홀러그러피
A49 처음 3분간
A50 종교와 과학
A51 물리철학
A52 화학과 범죄
A53 수학의 약점
A54 생명이란 무엇인가
A55 양자역학의 세계상
A56 일본인과 근대과학
A57 호르몬
A58 생활 속의 화학
A59 셈과 사람과 컴퓨터
A60 우리가 먹는 화학물질
A61 물리법칙의 특성
A62 진화
A63 아시모프의 천문학 입문
A64 잃어버린 장
A65 별·은하 우주

도서목록
BLUE BACKS

1. 광합성의 세계
2. 원자핵의 세계
3. 맥스웰의 도깨비
4. 원소란 무엇인가
5. 4차원의 세계
6. 우주란 무엇인가
7. 지구란 무엇인가
8. 새로운 생물학(품절)
9. 마이컴의 제작법(절판)
10. 과학사의 새로운 관점
11. 생명의 물리학(품절)
12. 인류가 나타난 날 I (품절)
13. 인류가 나타난 날 II (품절)
14. 잠이란 무엇인가
15. 양자역학의 세계
16. 생명합성에의 길(품절)
17. 상대론적 우주론
18. 신체의 소사전
19. 생명의 탄생(품절)
20. 인간 영양학(절판)
21. 식물의 병(절판)
22. 물성물리학의 세계
23. 물리학의 새밀편〈상〉
24. 생명을 만드는 물질
25. 물이란 무엇인가(품절)
26. 촉매란 무엇인가(품절)
27. 기계의 재발견
28. 공간학에의 초대(품절)
29. 행성과 생명(품절)
30. 구급의학 입문(절판)
31. 물리학의 재발견〈하〉
32. 열 번째 행성
33. 수의 장난감상자
34. 전파기술에의 초대
35. 유전독물
36. 인터페론이란 무엇인가
37. 쿼크
38. 전파기술입문
39. 유전자에 관한 50가지 기초지식
40. 4차원 문답
41. 과학적 트레이닝(절판)
42. 소립자론의 세계
43. 쉬운 역학 교실(품절)
44. 전자기파란 무엇인가
45. 초광속입자 타키온
46. 파인 세라믹스
47. 아인슈타인의 생애
48. 식물의 섹스
49. 바이오 테크놀러지
50. 새로운 화학
51. 나는 전자이다
52. 분자생물학 입문
53. 유전자가 말하는 생명의 모습
54. 분체의 과학(품절)
55. 섹스 사이언스
56. 교실에서 못 배우는 식물이야기(품절)
57. 화학이 좋아지는 책
58. 유기화학이 좋아지는 책
59. 노화는 왜 일어나는가
60. 리더십의 과학(절판)
61. DNA학 입문
62. 아몰퍼스
63. 안테나의 과학
64. 방정식의 이해와 해법
65. 단백질이란 무엇인가
66. 자석의 ABC
67. 물리학의 ABC
68. 천체관측 가이드(품절)
69. 노벨상으로 말하는 20세기 물리학
70. 지능이란 무엇인가
71. 과학자와 기독교(품절)
72. 알기 쉬운 양자론
73. 전자기학의 ABC
74. 세포의 사회(품절)
75. 산수 100가지 난문·기문
76. 반물질의 세계
77. 생체막이란 무엇인가(품절)
78. 빛으로 말하는 현대물리학
79. 소사전·미생물의 수첩(품절)
80. 새로운 유기화학(품절)
81. 중성자 물리의 세계
82. 초고진공이 여는 세계
83. 프랑스 혁명과 수학자들
84. 초전도란 무엇인가
85. 괴담의 과학(품절)
86. 전파는 위험하지 않은가
87. 과학자는 왜 선취권을 노리는가?
88. 플라스마의 세계
89. 머리가 좋아지는 영양학
90. 수학 질문 상자

91. 컴퓨터 그래픽의 세계
92. 퍼스컴 통계학 입문
93. OS/2로의 초대
94. 분리의 과학
95. 바다 야채
96. 잃어버린 세계·과학의 여행
97. 식물 바이오 테크놀러지
98. 새로운 양자생물학(품절)
99. 꿈의 신소재·기능성 고분자
100. 바이오 테크놀러지 용어사전
101. Quick C 첫걸음
102. 지식공학 입문
103. 퍼스컴으로 즐기는 수학
104. PC통신 입문
105. RNA 이야기
106. 인공지능의 ABC
107. 진화론이 변하고 있다
108. 지구의 수호신·성층권 오존
109. MS-Window란 무엇인가
110. 오답으로부터 배운다
111. PC C언어 입문
112. 시간의 불가사의
113. 뇌사란 무엇인가?
114. 세라믹 센서
115. PC LAN은 무엇인가?
116. 생물물리의 최전선
117. 사람은 방사선에 왜 약한가?
118. 신기한 화학 매직
119. 모터를 알기 쉽게 배운다
120. 상대론의 ABC
121. 수학기피증의 진찰실
122. 방사능을 생각한다
123. 조리요령의 과학
124. 앞을 내다보는 통계학
125. 원주율 π의 불가사의
126. 마취의 과학
127. 양자우주를 엿보다
128. 카오스와 프랙털
129. 뇌 100가지 새로운 지식
130. 만화수학 소사전
131. 화학사 상식을 다시보다
132. 17억 년 전의 원자로
133. 다리의 모든 것
134. 식물의 생명상
135. 수학 아직 이러한 것을 모른다
136. 우리 주변의 화학물질
137. 교실에서 가르쳐주지 않는 지구이야기
138. 죽음을 초월하는 마음의 과학
139. 화학 재치문답
140. 공룡은 어떤 생물이었나
141. 시세를 연구한다
142. 스트레스와 면역
143. 나는 효소이다
144. 이기적인 유전자란 무엇인가
145. 인재는 불량사원에서 찾아라
146. 기능성 식품의 경이
147. 바이오 식품의 경이
148. 몸 속의 원소 여행
149. 궁극의 가속기 SSC와 21세기 물리학
150. 지구환경의 참과 거짓
151. 중성미자 천문학
152. 제2의 지구란 있는가
153. 아이는 이처럼 지쳐 있다
154. 중국의학에서 본 병 아닌 병
155. 화학이 만든 놀라운 기능재료
156. 수학 퍼즐 랜드
157. PC로 도전하는 원주율
158. 대인 관계의 심리학
159. PC로 즐기는 물리 시뮬레이션
160. 대인관계의 심리학
161. 화학반응은 왜 일어나는가
162. 한방의 과학
163. 초능력과 기의 수수께끼에 도전한다
164. 과학·재미있는 질문 상자
165. 컴퓨터 바이러스
166. 산수 100가지 난문·기문 3
167. 속산 100의 테크닉
168. 에너지로 말하는 현대 물리학
169. 전철 안에서도 할 수 있는 정보처리
170. 슈퍼파워 효소의 경이
171. 화학 오답집
172. 태양전지를 익숙하게 다룬다
173. 무리수의 불가사의
174. 과일의 박물학
175. 응용초전도
176. 무한의 불가사의
177. 전기란 무엇인가
178. 0의 불가사의
179. 솔리톤이란 무엇인가?
180. 여자의 뇌·남자의 뇌
181. 심장병을 예방하자